コンクリート構造物の
サステイナビリティ設計

地球環境と人間社会の不確実性への挑戦

堺　孝司・横田　弘 著

技報堂出版

書籍のコピー，スキャン，デジタル化等による複製は，
著作権法上での例外を除き禁じられています。

序

　近代セメントの発明から200年程で，コンクリートは地球で最も多く用いられる物質となった。これは，構造物等に使用されるコンクリートの主要材料が，地球に最も潤沢に存在する岩石と水，そしてこれも比較的賦存量が多い石灰石と粘土質を原料とするセメントからなることによる。また，セメント製造のエネルギーは化石燃料の中で最も多い石炭から得ている。こうした建設材料製造に必要な資源の状況がコンクリートの使用量を著しく増大させたことは明らかである。

　人類にとってその誕生以来住環境を快適にすることが最も重要であった。人類は，食料確保における狩猟・採取から牧畜・農業に転換できたことにより，人口を著しく増加させた。人口の増加は，一層のインフラ整備を必要とする。インフラの整備は社会経済活動を活発化させ，それが資源消費をさらに増大させる。人類は，こうした「発展」を加速させてきた。しかも，地球人口のマジョリティを占める発展途上国では未だこうしたサイクルの初期段階にある。

　一方，人類は，加速度的な資源消費の増加は人類の存続を脅かす負の影響がきわめて大きいことに気付き，どうすればいいかについて思考した結果，「持続可能な発展」が必要であり，それは将来世代にわたって必要なニーズが満たされる状況を実現させなければならないことであることをはっきりと認識するに至った。その結果，あらゆることにおいてサステイナビリティ（持続可能性）を評価軸とすることが必要となってきた。ところが，もっとも資源・エネルギーを消費する建設分野では，そうした考えの広がりが停滞している。

　土木・建築コンクリート構造物の建設は相当な歴史があるが，構造物の力学的な背景を踏まえた設計が行われるようになったのは，それほど古くはない。フランスのモニエが鉄筋コンクリートの特許を取ったのは1867年，フレシネーがPCの基本的な考えを設計で実現したのは1928年であることを考えれば，コンクリート構造物の設計の歴史はたかだか1世紀程度と言える。この間，許容応力度設計法から限界状態設計法，そして性能設計法へと設計概念が変化してきた。こうした変化は，材料の進化や，実験設備の高度化，そして計算技術の発展による。現在では，一般

的なコンクリートであれば，相当複雑な構造物もその安全性について一応の確認はできるし，耐久性にかかわる経時的な性能の変化についてもある程度の把握も可能になっている。

　ところが，地球人口が70億を突破し，資源消費量の激増に加えて，化石燃料消費による地球温暖化が現実の問題となってきた。地球温暖化による気候変動は，台風や豪雨などの気象作用強度を増大させ，かつその頻度を増している。それらによる被害は甚大である。一方，地殻・マントルからなるプレートの移動に起因する地震の強さの不確実性が増している。東日本大地震のように，数百キロ四方のプレートが破壊される地震現象はほとんど想定されていなかった。また，未知の活断層に起因する地震も然りである。地震作用は構造物の安全性に大きく影響する。構造物の設計上の安全度の余裕に応じて，地震作用による構造物のダメージは大きく異なる。また，インフラ・建築物の破壊は，大量のがれき等を発生させ，その復興に新たな資源・エネルギー消費を余儀なくされる。加えて，構造物の安全性に対する余裕の程度は，構造物の建設コストに直接影響する。このことは，我々は，コンクリート構造物の設計・建設行為では従来の思考範囲を超える要求性能を考慮した新たな枠組みを創らなければならない状況にあることを意味する。換言すれば，人類および多様で豊かな地球環境が存続することを最も重要な価値基準とした設計体系を構築することが求められている。

　特に重要視すべきことの一つは，地震や極端気象等の作用に対するインフラ・建築物の堅牢性やレジリエンスである。日本では，1995年と2011年に，それぞれM7.3の兵庫県南部地震（阪神・淡路大震災）とM9.0の東北地方太平洋沖地震（東日本大震災）を経験し，多くを学んだ。後者については，まだ復興途上にある。本書執筆中の2016年4月にM7.3の熊本地震が発生し，大きな被害を受けた。改めて我々の社会は脆弱であることを認識せざるを得ない。社会の脆弱さは，社会のサステイナビリティの対極にあるが，その具体的な意味は，インフラ・建築物の地震に対する堅牢性やレジリエンスが確保されていない社会と言える。建築基準法や土木構造物の設計基準は，損傷蓄積の影響を想定していない。極論すれば，地震等で崩壊しないことを目途とする最低要求をしているに過ぎない。社会のサステイナビリティを考えれば，現行の法律や基準が現実にそぐわないことは明らかであるし，より合理的な考え方を導入するための努力が求められる。

本書は，コンクリート技術発展の系譜を辿り，コンクリート構造物の設計法が，どのような経緯で変遷してきたのか，また，サステイナビリティの概念が誕生して現在までにコンクリート・建設分野にどのような影響を与えてきたのかを明らかにする。その上で，近未来の設計法として「サステイナビリティ設計」を提案する。加えて，サステイナビリティ設計のフィージビリティを補強するために，ケーススタディを行う。最後に，今後の展開の方向を示すとともに，2050 年のコンクリート・建設分野の姿を予測する。

　本書は，これまでのコンクリート構造物の設計体系を根本的に見直し，新たな枠組みを構築して将来の海図を示すことを目的として書かれた。従来の枠組みを崩す必要がある時代の転換期には，新しい動きに対して必ず「大きな抵抗」が生まれる。しかし，真の革新とはそうした障害を乗り越える過程でなされる。本書の刊行が，そうした大きな変化の一つのきっかけとなれば望外の喜びである。

2016 年 8 月
札幌にて

日本サステイナビリティ研究所　　堺　孝　司
北海道大学　　横　田　弘

目　　次

第1章　コンクリート技術の系譜 ——————————— 1

1.1　セメント・コンクリート技術の発祥 ……………………………… 1
1.2　揺籃期（明治時代～1960年頃）………………………………… 2
1.3　発展期（1960年頃～1990年頃）………………………………… 4
1.4　成熟期（1990年頃以降）………………………………………… 5
1.5　新しい問題の発現 ……………………………………………… 7

第2章　コンクリート構造物設計法の発展の系譜 ——————27

2.1　経験則から許容応力度法による設計へ ………………………27
2.2　限界状態設計法と信頼性設計法の登場 ………………………30
2.3　性能設計法への移行 ……………………………………………34
2.4　次世代の設計体系 ………………………………………………35

第3章　サステイナビリティ思想の誕生と現況 ——————43

3.1　地球誕生以降の環境変化と人類 ………………………………43
3.2　環境問題の顕在化と対応 ………………………………………45
3.3　COP21 ……………………………………………………………48
3.4　温暖化ガス削減における建設産業のかかわり ………………49

vii

第4章 コンクリート・建設分野における サステイナビリティの意味——53

4.1 概要 ……………………………………………………………53

4.2 社会的側面 ……………………………………………………54

4.3 経済的側面 ……………………………………………………56

4.4 環境的側面 ……………………………………………………58

4.5 サステイナビリティ要素の相互関係 ………………………60

第5章 コンクリートサステイナビリティに関する既往の展開 ——65

5.1 土木学会 ………………………………………………………65

5.2 日本建築学会 …………………………………………………67

5.3 日本コンクリート工学会 ……………………………………68

5.4 アメリカコンクリート学会（ACI）…………………………69

5.5 構造コンクリート国際連合
（fib：International Federation for Structual Concrete）………70

5.6 米国レディーミクストコンクリート協会（NRMCA）………70

5.7 アジアコンクリート連合・サステイナビリティフォーラム（ACF-SF）…71

5.8 国際標準化機構（ISO）………………………………………71

5.9 その他 …………………………………………………………72

第6章 ライフサイクルアセスメントおよび評価ツールの現況 ——77

6.1 ライフサイクルマネジメント思想の誕生と現状 …………77

6.2 ライフサイクルアセスメント（LCA）………………………78

6.3 建築物および土木構造物の環境規格 ………………………81

6.4 環境ラベル・宣言 ……………………………………………82

6.5 コンクリート関連産業のための ISO 環境規格 ……………84

6.6 社会的側面と経済的側面に関する評価 ……………………96

| 6.7 | 建築物の環境影響評価ツール | 98 |
| 6.8 | 土木構造物の環境影響評価ツール | 101 |

第7章 サステイナビリティ設計 ——————— 103

7.1	長寿命化の本質	103
7.2	国土強靭化論の本質	106
7.3	建設分野へのサステイナビリティ思考の導入	110
	7.3.1 概要	110
	7.3.2 社会的側面	110
	7.3.3 経済的側面	111
	7.3.4 環境的側面	112
	7.3.5 新しい設計体系の必要性	115
	7.3.6 サステイナビリティ設計法の萌芽	116
7.4	サステイナビリティ設計	119
7.5	サステイナビリティ設計の効果	124
7.6	サステイナビリティ要素の相互関係に関する数値計算例	125
	7.6.1 数値計算の前提条件	125
	7.6.2 数値計算結果	129
	7.6.3 数値計算結果の評価	131
7.7	サステイナビリティ設計と技術開発	132

第8章 サステイナビリティ評価－ケーススタディ－ ——————— 135

8.1	概要	135
8.2	小樽港防波堤	135
	8.2.1 概要	135
	8.2.2 日本における初期のコンクリート技術	137
	8.2.3 廣井勇が拓いた日本のコンクリート技術	138
	8.2.4 サステイナビリティ評価	140

ix

8.3 首都高速道路 ……………………………………………………… 140
  8.3.1 概要 …………………………………………………………… 140
  8.3.2 道路ネットワークの現況 …………………………………… 141
  8.3.3 首都高速道路の運用と課題 ………………………………… 143
  8.3.4 高速道路事業のサステイナビリティ評価 ………………… 145
8.4 鉄道事業 ……………………………………………………………… 147
  8.4.1 概要 …………………………………………………………… 147
  8.4.2 JR 東日本 ……………………………………………………… 149
  8.4.3 JR 東海 ………………………………………………………… 151
  8.4.4 鉄道事業のサステイナビリティ評価 ……………………… 153
8.5 日証館 ………………………………………………………………… 155
  8.5.1 概要 …………………………………………………………… 155
  8.5.2 サステイナブルビルへの改修 ……………………………… 155
  8.5.3 サステイナビリティ評価 …………………………………… 157
8.6 ローカーボンコンクリート ……………………………………… 158
  8.6.1 概要 …………………………………………………………… 158
  8.6.2 LHC …………………………………………………………… 158
  8.6.3 クリーンクリート …………………………………………… 163
  8.6.4 将来の方向 …………………………………………………… 166

第 9 章　今後の展望 —————————————————————— 169

9.1 資源・エネルギーと人口問題 …………………………………… 169
9.2 コンクリート・建設産業の目指すべき方向 …………………… 170
9.3 コンクリートの価値の本質 ……………………………………… 172
9.4 2050 年のコンクリート・建設分野の姿 ………………………… 175

結語 ………………………………………………………………………… 185

第1章
コンクリート技術の系譜

1.1　セメント・コンクリート技術の発祥

　人類は，その誕生以来，天然材料を用いてその居住環境を整備し，そのことに多くの資源とエネルギーを消費してきた。そのための素材が土壌，草木，石材である。これらの素材をうまく組み合わせて用いてきたが，そのままでは適用の範囲に限界があることは言うまでもなく，偶然の発見や工夫により高度な技術が生まれてきた。

　天然の材料を使用したコンクリートに類似の材料は，すでにエジプトのピラミッドにおいて使用されていたと考えられている。これを工業的に人工材料として使用する緒となったのは，1756 年にイギリス人 J. Smeaton が水硬性セメントの起源となる水硬性石灰を発明したことによる。この後，イギリス人 J. Aspdin が1824 年に水硬性セメント製造法の特許を取得し，欧州においてポルトランドセメントの製造が開始されるようになった。とは言え，現在でもそうであるが，セメント硬化体は引張強度が低く，乾燥等によって容易にひび割れが生じるという欠点がある。これを克服するために，1867 年にフランス人 J. Monier がセメント固化体と針金を複合させる，言わば鉄筋コンクリートの緒となる画期的な技術を発明し，その後コンクリートが本格的に建設材料として使用されるようになった。

　本章ではコンクリート構造物の設計に関する技術以外の主要な技術を，主に日本に焦点を当てて紹介する。合わせて**表-1.1** に主要な技術の変遷を年表として取りまとめる [1.1), 1.2), 1.3)]。

1

1.2 揺籃期（明治時代～1960年頃）

　江戸時代に鎖国が続いていた日本においては，欧米で開発された上述のような画期的な技術に触れることは当然なかったものの，諸外国から開国を迫られるという時代背景の下，列強各国に対峙するために海軍力の増強が急務であった。自力で軍艦をつくるために造船技術を先進諸国から導入し，大型軍艦の建造・修理のためのドックの建設を計画した。その結果完成したのが1871年竣工の横須賀製鉄所第一号ドライドックである。このドックは，石材を積み上げて土留め壁を構築したものであるが，土留め壁の背面には，消石灰と火山灰の混合物を主な結合材とする「ベットン」，言い換えればコンクリートが用いられたとされている。コンクリートの成分については詳細な分析が必要であり，ポルトランドセメントが使用されたかどうかの確証は得られてはいない[1.4]。製鉄所の施設では当初ポルトランドセメントを用いる近代的コンクリートの代替品が多用されていたが，その後使用される多くのコンクリートが，石灰ポゾランコンクリートからポルトランドセメントを用いるコンクリートにしだいに変化していくことになる。したがって，これが我が国において初めてコンクリートが大規模構造物に適用された緒となるものであったと考えられている。

　しかし，セメントコンクリートを製造するための国産セメントは存在せず，この製鉄所施設の建設においてもフランスからセメントを輸入している。輸入セメントを用いることの不経済性から国産セメントの製造に着手し，1875年に第1号官営セメント工場である工部省製作寮深川作業出張所において我が国初めてのポルトランドセメントが製造され，以降国産セメントの製造が進められることになった。その後，神戸市生田川上流部に我が国最初の重力式コンクリートダムである布引五本松ダムが1900年に，また近代防波堤の先駆けとなった小樽港北防波堤が1908年に完成し，セメントおよびコンクリートを大量に用いた構造物の建設が本格的に進められるようになった。

　一方，鉄筋コンクリートに関しては，1901年に丸棒の国内生産が開始され，1903年に我が国最初の鉄筋コンクリート橋（琵琶湖疏水日岡山トンネル東口運河橋）が架設された。ただ，鉄筋コンクリートとは言え，この橋ではトロッコの

レールが鉄筋の代用として使用されている。丸棒の国内生産が開始されたにもかかわらず，大半の鉄筋コンクリートには輸入材が用いられた。大正時代の初期にはアメリカから異形棒鋼が輸入され相当量が使用されたようである[1.2]。

セメントの国産製造が進められたものの品質が安定せず，横浜港築港工事や佐世保港ドック，大阪港築港工事等において多数のひび割れが発生する事故が散発した。その原因については明確にされていないものの，セメントの品質保証を図る必要性が生じ，1905年に初のセメント規格である「日本ポルトランドセメント試験方法」が制定された。1906年には米国でコンクリートポンプが考案され，1913年にはコンクリートミキサの国産化が始まり，同年米国でレディーミクストコンクリートの操業が開始されるなど，コンクリートの大量製造・施工に向けた技術が生まれ，その基盤が整い始めた。しかし，我が国で最初のレディーミクストコンクリート工場が完成したのは1949年である。

1921年にJISの先駆けとなる日本標準規格（JES）が制定された。この一環として，1927年にポルトランドセメントおよび高炉セメントのJESが公布された。その後1950年にポルトランドセメント，高炉セメント，シリカセメントのJISが制定された。レディーミクストコンクリートのJISは1953年に制定されている。

1923年9月1日に大正関東地震（M 7.9）が関東地方および近隣で発生し，神奈川県・東京府を中心に千葉県・茨城県から静岡県東部までの内陸と沿岸に広い範囲に甚大な被害をもたらした。被害には，トンネル，建築物等の社会基盤施設も含まれる。1924年に行われた市街地建築物法施行規則改正では，許容応力度設計で材料の安全率を3とし，地震力は水平震度0.1以上を要求するなど，関東大震災を機に耐震設計基準の整備が進んだ。この地震では異形棒鋼を用いたRC建築物が大きな被害を受けたこともあり，1950年頃まで丸棒のみが鉄筋として使われるようになった。

1931年に土木学会鉄筋コンクリート標準示方書が制定され，その後1950年には建築基準法が公布され，設計基準類の整備も進められた。一方，1932年には米国でAE剤が発明され，コンクリートの施工性と耐久性が大きく改善した。AE剤は1950年に我が国にコンクリート混和剤として導入され，コンクリートのワーカビリティや凍結融解抵抗性を向上させることが可能となった。AE剤は，その後各種の成分を有する多様な目的の製品が開発され，市販されるようになっ

第 1 章　コンクリート技術の系譜

た。

　1951 年に石川県七尾市を流れる御祓川に我が国初のプレストレストコンクリート橋である長生橋が架設された。プレストレストコンクリートの最初の特許は 1888 年にアメリカ人 P. H. Jackson によって取得されたが，フランス人 E. Freyssinet が 1928 年に高強度コンクリートと高張力鋼線による緊張・定着とを組み合わせた工法を開発し特許を取得し，実用化が促進された。1946 年には，第二次世界大戦後の復興工事としてパリ近郊マルヌ河に世界初となるプレキャストセグメント工法による Luzancy 橋が架設されている。

　1959 年 9 月に昭和 34 年台風第 15 号（伊勢湾台風）が来襲し，紀伊半島から東海地方を中心とし，ほぼ全国にわたって甚大な被害をもたらした。これを機に高潮防災の必要性が喚起され，1961 年の災害対策基本法の公布，堤防等の海岸保全施設の建設が全国的に進められるようになった。

　このように，明治期から第二次世界大戦復興期までの約 1 世紀におけるセメント・コンクリート技術は，その後の急激な発展のための基盤形成期であったと言える。

1.3　発展期（1960 年頃〜 1990 年頃）

　1960 〜 70 年代においては，高度経済成長とともにビッグプロジェクトが進行し，多くのコンクリート構造物が整備された。これを支えるため，ポンプ打設の普及，砕石，海砂などの利用拡大が図られた。また，技術の進歩に応じて，JIS や多様な構造物の設計基準類が整備された。1960 年の PC 鋼材の JIS 制定，フライアッシュセメントの JIS 制定，1961 年のコンクリート用砕石の JIS 制定，1963 年の人工軽量骨材の製造開始，1964 年の鉄筋コンクリート用棒鋼の JIS 制定等がこれにあたる。

　1964 年 6 月に新潟県粟島南方沖 40 km を震源とする新潟地震（M 7.5）が発生し，新潟県，山形県等を中心に甚大な被害が生じた。特に地盤の液状化が原因となる被害が生じたことが特徴的であり，その後の耐震設計の改定や地盤改良工法の開発等の緒となった。また，1977 年には水中コンクリート技術が開発された。1978 年には宮城県沖地震が発生し，耐震設計法の改定につながった。

4

一方，1965年頃からコンクリートポンプ工法が普及し，大量のコンクリートを短時間で打ち込むという施工スタイルがとられるようになったことや，そのための軟練りコンクリートの普及により，コンクリートの耐久性が低下する要因にもなった。1978年にレディーミクストコンクリートのJISが改正され，AEコンクリートが標準的なコンクリートとなり，1982年には，AE剤，減水剤，AE減水剤からなる化学混和剤のJISが制定された。

鋼繊維を用いた鋼繊維補強コンクリートについては，鋼繊維の製造が開始された1973年頃より構造物への適用が広まった。1983年には土木学会から「鋼繊維補強コンクリート設計施工指針（案）」が取りまとめられた。その他にも，炭素繊維，ガラス繊維，アラミド繊維，ビニロン繊維，ポリプロピレン繊維などが短繊維の材料として用いられるようになった。しかし，こうした材料を用いるコンクリートは，吹付けコンクリートや補修材料としてのきわめて限定的な利用に留まっている。

1980年代は，コンクリート構造物の早期劣化現象が社会問題として認識され始めた。前述のポンプ施工のみならず，海砂の使用，急速施工等によって，1983年頃からコンクリート劣化問題が顕在化し，社会問題にもなった。1986年には土木学会「コンクリート標準示方書」において限界状態設計法による手法が初めて規定され，設計法が大きく転換することとなった。1988年には締固めが不要な自己充填コンクリートが開発され，施工の合理化と，耐久性の向上が期待されたが，日本においてはほとんど普及せず，現在は欧米で一定程度利用されているに過ぎない。

1.4 成熟期（1990年頃以降）

1990年代になると，耐久性設計や補修設計の考え方が示され始めた。その端緒となったのが，1989年の土木学会「コンクリート構造物の耐久設計指針（試案）」である。耐久性にかかわる各種要因をポイントで評価し，総合的な耐久性を保証しようとしたものである。しかし，この考え方は，その後ほとんど機能しなかった。

また，1995年の兵庫県南部地震を契機として耐震補強の手法が充実した。

第 1 章　コンクリート技術の系譜

1999 年 6 月 27 日に山陽新幹線の福岡トンネルでコンクリート塊の落下事故が生じた。人的被害はなかったものの，新幹線の安全性を揺るがす事故として話題となった。1999 年には土木学会「コンクリート標準示方書［施工編］」において耐久性照査型の考えが導入された。これは，耐久性の確保に必要なコンクリートの諸性能を直接照査する体系を導入したもので，性能設計法の具体的適用の先駆けとなったものである。

　1990 年代には，都市ごみ焼却灰を主原料とした，資源リサイクル型のセメントの一種であるエコセメントが開発された。これは，下水汚泥や都市ゴミあるいはそれらの焼却灰などの都市型廃棄物のセメントプラントによる減容処理を目的とするもので，都市部などで発生する都市ごみの焼却灰を資源として有効利用するエコセメントが 2002 年に JIS R 5214 として規格化された。都市ごみの焼却灰を主とし，必要に応じて下水汚泥などの廃棄物を加えて，製品 1 トンにつきこれらの廃棄物を 500 kg 以上使用して製造される。

　従来の鋼を主とする補強材に加えて，連続繊維シートが用いられるようになった。連続繊維シートは，1993 年頃から道路橋の RC 橋脚や RC 床版で試験的に採用され，1995 年兵庫県南部地震を契機に，橋脚ならびに建築柱の耐震補強への適用が増加した。連続繊維シートに使用される連続繊維には，炭素繊維，アラミド繊維，ガラス繊維等がある。炭素繊維は，引張強度や剛性，耐久性が他の繊維に比べて高いことから，最も広く用いられるようになっている。連続繊維シートに関しては JIS A 1191「コンクリート補強用連続繊維シートの引張試験方法」が2004 年に制定されるとともに，土木学会において「連続繊維シートを用いたコンクリート構造物の補修補強指針」，建築分野では，日本建築防災協会において，「連続繊維補強材を用いた既存鉄筋コンクリート造，および鉄骨鉄筋コンクリート建築物の耐震改修設計・施工指針」として設計法が取りまとめられた。また，日本が主導して，ISO 14484 : 2013，ISO 10406–1 および –2 : 2015，ISO 18319 : 2015 の国際規格も制定されている。

　2000 年代に入ると，性能設計の導入に伴う設計のパラダイムシフトが起こるとともに，本格的な維持管理の時代に突入した。2001 年に日本コンクリート工学協会が「コンクリート診断士」制度を発足させ，維持管理に必要な知識と技術を保証する仕組みの運用を開始した。2001 年には土木学会「コンクリート標準

6

示方書」において維持管理編が制定された。

　2011 年 3 月 11 日に発生した東北地方太平洋沖地震において，新幹線高架橋の橋脚等は大きな損傷を受けるとともに，地震直後に発生した大規模津波により未曽有の被災が生じた。これを機に，津波作用のような設計で想定していない事象に対する対応が必要なことが喚起され，種々の取り組みに至っている。これらのことは，サステイナビリティにおける社会的側面の一つである安全性に大きくかかわることであり，どの程度の安全性の余裕度を包含させておくかについての議論の必要性が顕在化することとなった。また，2012 年 12 月に中央自動車道笹子トンネル天井板の落下事故が生じ，構造物の維持管理のあり方に大きな疑問が投げかけられた。この事故を機に，インフラの管理に関する施策の検討，維持管理基準類の整備，維持管理に関する各種技術開発等が進められている。

　経済成長期以降，膨大なインフラ投資が行われ，そこにはさまざまな問題が顕在化している。急激な人口減少が予測される日本でこれらをどう維持していくかについての議論は始まったばかりである。新しい考え方と，それを支える新しい技術とシステムの開発が必須となる。

1.5　新しい問題の発現

　成熟期を迎えた現在においても，従来とは異なる新しい問題が顕著に現れてきつつある。多様な技術開発によりコンクリートの高性能化が進められてきた。例えばコンクリートの強度をとってみても，少し前までは鉄筋コンクリート構造物には 24 ～ 30 N/mm^2 の設計基準強度のコンクリートが用いられてきた。しかし現在では 100 N/mm^2 を超えるような強度のコンクリートの使用実績もあり，まだ本格的な実用化には至っていないが 300 N/mm^2 を超えるコンクリートも開発されている。強度，すなわち材料が変わると構造のシステムも変わり得る。構造物の形態そのものも変えうる影響を及ぼすことになる。また，収縮抑制，ひび割れ制御，自己治癒等の材料特性の高度化も検討されている。こうした技術も，コンクリート構造物の設計のみならず，施工や維持管理にも，従来の形態を変える可能性が秘められている。こうした認識での研究開発，アクションが必要である。ここでは，新たな材料・工法開発に伴う新たな問題について触れておく。

第1章　コンクリート技術の系譜

　コンクリート構造物の建設に関連して，用いる材料の製造や施工等の段階で大きな環境負荷を発生させる。そのため，力学特性や耐久性とともに，低環境負荷性が求められるようになってきている。セメントに関して言えば，セメント代替材の利用等により，セメント製造中に発生するCO_2を抑制することが一般的によく知られている。具体的には，高炉スラグ微粉末およびフライアッシュをセメントに混合させる方法である。また，力学性能と環境性能とを独立して検討するのではなく，力学性能とローカーボンの最適化を目指すことも求められており，コンクリートの基本性能と環境性能を総合的に評価することが重要となる。

　コンクリート構造物を解体して生じるコンクリート塊の再資源化率は，平成24年度実績で99.5％となっており[1.5)]，数値的にはリサイクルが相当進んでいる。しかし，コンクリート塊の9割以上は，コンクリート塊から骨材に相当する部分をとりだして道路用路盤材や埋戻し材として再利用されているように，きわめて限定的な用途に留まっている。例えば，北海道開発局の推計によると道路用骨材需要量は2000年付近のピーク（約3.5億トン／年）から減少傾向にあり，2100年には約1億トン／年まで低下するとされている[1.6)]。そのため，路盤材や埋戻材としての用途には限界があり，今後付加価値の高い活用方法が望まれる。すなわち，現行の再生骨材H（JIS A 5021）に見られるように，コンクリート用骨材としての利用の促進を図るための技術が必要である。近年特に良質の天然骨材が枯渇しつつあり，天然骨材に代わる骨材を見出さなければならない。その一つがリサイクル材としての再生骨材の利用である。コンクリート塊からバージンの骨材に近い状態のものを取り出そうとすると，同時にセメント固化体の粉末が発生する等の問題がある。そのため，コストや環境影響の程度等を踏まえて，再生骨材の利用レベルを設定しなければならない。再生骨材を有効な資源として今後利用するためには，再生骨材製造に関する革新的技術開発が必須である。

　コンクリートに用いる材料も多様化してきている。産業廃棄物である高炉スラグやフライアッシュ等は副産物としてコンクリートに利用されてきた。その利用形態は，セメント材料として代替しているほか，混和材として添加するものである。また，最近では骨材としての利用も進められている。高炉スラグもフライアッシュも骨材としての利用は以前から試みられているが，コンクリートの性状への影響やコスト等の観点から大規模に展開されているわけではない。これらに関し

8

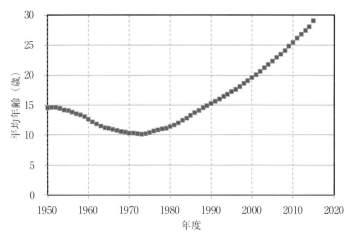

図-1.1　日本のコンクリートの平均年齢の推移（1950～2015年度）[1.3]

ては今後積極的に用いていく必要がある。そのための基本的な考え方は，いずれも貴重な資源であることを明確にすることである。

　先に述べたように，今後ますますコンクリート構造物の維持管理への技術需要が増大する。それは，老朽化した構造物の割合が高くなるためである。構造物の老朽化度合いの指標として，コンクリートの「平均年齢」の推移を求めた結果を図-1.1に示す[1.3]。平均年齢が最も若かったのは，1人当たりのセメント消費量がピークだった1973年で10.1歳であった。以後，新規建設の量が徐々に減少し，それに伴って平均年齢が高齢化してきた。2015年度は29.1歳となり，2016年度は30歳代に突入することになるのは確実である。高齢化のペースが少しずつ速くなってきており，今後膨大なストックの維持管理を効率的かつ確実に行うためには，従来の技術では不十分であり，技術のブレークスルーが求められている[1.5]。

　そのためには，土木・建築の内部に留まらず広く異分野と連携した技術開発が必要であり，それが緒についたばかりである。コンクリート構造物の維持管理を適切に行うにあたっては，図-1.2に示すように，技術的な内容はもとより，これを実現するための組織・制度や維持管理に要する費用の問題が絡み合ってくる。技術的には，目視調査のように人による経験的な判断を主体とするものと，各種の測定や解析技術，近年発展している情報技術等を活用した，機械，IT技術によるものがある。これらは相反する概念ではなく，目的に応じて適材適所に使い

第1章　コンクリート技術の系譜

図-1.2　維持管理における人と技術のバランス[1,3]

分けていくことが求められる。実際には，機械やIT技術の活用においても，活用方法や活用箇所，得られたデータの解釈等には人がかかわることが多く，「人による判断」と「機械，IT技術による判断」と，明確に二元的に分けられない場合も多い。今後のコンクリート構造物の維持管理の方向性を見据える上で，俯瞰的な視野を持って基本的な考え方を明確にすることが必要であると言えよう[1,3]。異分野との連携の点からは，情報・通信技術分野と連携したものでは，CADやCIMと連携した3次元モデルによる維持管理の高精度化，モニタリング技術等が開発されようとしている。また，機械技術分野との連携では，点検ロボット，ドローン（ヘリコプター），ROV等が，さらには医療技術分野との連携で，X線やCT等医療技術の適用や，生存解析のように構造物の寿命を予測する手法等の適用も検討されている。

このように，インフラ整備が成熟しても，それらの維持管理等の新しい問題が生まれており，また資源枯渇や地球温暖化への対応等もその重要性を増してきている。これらを今後如何に扱うかが大きな課題となる。従来の工学的枠組みだけでこうした複雑多岐にわたる問題を解決することはできないのは言うまでもない。本書は，このような問題意識をもって，コンクリート・建設分野に新たな指針を示すために執筆された。

1.5　新しい問題の発現

表-1.1　主要コンクリート技術年表

年号		西暦	コンクリート関連	関連事項
宝暦	6	1756	・イギリス人 J. Smeaton が水硬性セメントの起源となる水硬性石灰を発明	
寛政	8	1796	・イギリス人 J. Parker が天然セメント（後のローマンセメント）を発明し特許を取得	
文政	7	1824	・イギリス人 J. Aspdin が水硬性セメント製造法の特許を取得	
	8	1825	・イギリスでポルトランドセメントの製造を開始	
嘉永	元	1848	・フランスでポルトランドセメントの製造を開始	
	3	1850	・ドイツでポルトランドセメントの製造を開始	
安政	2	1855	・J. L. Lambot がパリ世界博覧会に鉄筋コンクリート製の小舟を出展	
慶応	元	1865	・セメントの輸入および使用開始	
	2	1867	・フランス人 J. Monier が鉄筋コンクリートの特許を取得	
明治	3	1870	・ドイツ人 W. Michaelis が火山灰，高炉スラグの有効性の研究を発表	
	4	1871	・アメリカでポルトランドセメントの製造を開始 ・横須賀製鉄所第 1 号ドライドック完成	
	6	1873	・内務省土木寮深川清住町にセメント製造所が創設 ・イギリス人 F. Ransome が回転窯を発明	
	8	1875	・工部省製作寮深川作業出張所においてわが国初のポルトランドセメントの製造に成功	
	11	1878	・工部省においてわが国初の製鋼を開始	1879 工学会創立
	15	1882	・曾禰達蔵「火山灰論」を「工学会誌」に発表 ・ドイツで高炉スラグ混入セメントの発明	
	17	1884	・わが国初のコンクリート灯台（鞍埼灯台）	
	19	1886	・セメントの輸出開始 ・アメリカの P.H. Jackson が PC を発想	1886 造家学会設立
	21	1888	・ドイツの C.W.F. Döhring が PC を発想	
	22	1889	・横浜港築港工事開始	1891 濃尾地震
	25	1892	・横浜築港防波堤コンクリートに多量のひび割れ事故が発生	1894 日清戦争（〜 95）

11

第1章　コンクリート技術の系譜

表-1.1　（つづき）

年号	西暦	コンクリート関連	関連事項
28	1895	・佐世保軍港第1船渠完成・漏水発生・原因追究開始	1895 イギリスで National Trust 設立
29	1896	・横浜港築港工事完成 ・函館港改良工事着工	
30	1897	・大阪築港でわが国初のミキサ（蒸気式コンクリートミキサ）を使用	
31	1898	・プロシア政府シルト島の実験で火山灰の混入効果を確認	
32	1899	・大阪築港でひび割れ事故発生	
33	1900	・わが国初の重力式コンクリートダム（布引五本松ダム）完成	1900 日本ポルトランドセメント業技術会設立
34	1901	・八幡製鉄所営業開始（丸棒の製造）	
36	1903	・わが国初の RC 橋（琵琶湖疎水日岡山トンネル東口運河橋）完成 ・回転窯の輸入 ・ドイツでレディーミクストコンクリート製造の特許を取得 ・最初の RC 建築（フランクリン街アパート）	
38	1905	・わが国初のセメント規格農商務省告示第35号「日本ポルトランドセメント試験方法」制定	1905 日露戦争（〜07）
39	1906	・国産セメント大量輸出（San Francisco 大地震のため） ・わが国初の RC 建築（神戸和田岬大倉庫） ・アメリカでコンクリートポンプを考案	
41	1908	・小樽港北防波堤完成	
42	1909	・セメント規格の第一次改訂 ・神戸港新港船溜堤完成	
43	1910	・函館港築港工事着工 ・Wisconsin-Madison 大学でコンクリート材料の長期耐久性試験開始 ・ACI 318「Standard Building Regulations for the Use of Reinforced Concrete」発刊	
44	1911	・神戸港東堤完成 ・わが国初の RC 事務所ビル（三井物産横浜ビル）完成	
45	1912	・わが国初のコンクリート製寺院（東本願寺函館別院）完成	
大正 2	1913	・高炉セメントの製造開始（八幡製鉄所）	

1.5 新しい問題の発現

表-1.1 （つづき）

年号	西暦	コンクリート関連	関連事項
		・可傾式のドラムミキサの導入	
		・コンクリートミキサの国産化始まる	
		・オーストラリア人 Spindel が早強ポルトランドセメントの製造に成功	
		・アメリカでレディーミクストコンクリート操業開始	1914 土木学会設立 1914 第一次世界大戦（〜 18）
4	1915	・スライディングフォーム工法の開発 ・わが国初のコンクリートブロック造建築物（移情閣）完成	
5	1916	・わが国初の鉄筋コンクリート造集合住宅（端島（軍艦島）30 号棟）完成	
7	1918	・わが国初の回転窯湿式法によるセメントの製造開始 ・アメリカ人 D. A. Abrams が「水セメント比説」を発表	
9	1920	・国産の空気式バイブレーターの製造	
10	1921	・日本標準規格（JES）制定 ・シリカセメントの製造開始 ・アメリカ人 A.N. Talbot が「セメント空隙比説」を発表 ・わが国初のコンクリートアーチダム・浦山ダム完成	
12	1923	・丸の内ビルが震災被害（アメリカ式異形鉄筋使用） ・建築學會「建築工事仕様書」制定 ・わが国初のコンクリート電柱（函館）	1923 大正関東地震
13	1924	・コンクリート用バッチャープラント輸入	
14	1925	・高炉セメントの JES 制定	
昭和 2	1927	・ポルトランドセメントおよび高炉セメントの JES 制定 ・フランス人 E. Freyssinet が PC 工法開発	
4	1929	・早強ポルトランドセメントの製造開始 ・建築學會「コンクリート及鐵筋コンクリート標準仕様書」決定	
6	1931	・土木学会「鉄筋コンクリート標準示方書」制定	
7	1932	・ノルウェー人 I. Lyse が「セメント水比説」を発表 ・アメリカで減水剤の発明	
8	1933	・わが国初のコンクリートポンプ使用	

13

第1章　コンクリート技術の系譜

表-1.1　（つづき）

年号	西暦	コンクリート関連	関連事項
9	1934	・建築学会「鉄筋コンクリート構造計算規準案」制定 ・中庸熱ポルトランドセメントの製造開始 ・電気式フレキシブル型バイブレーターの導入	1934 室戸台風
11	1936	・U. S. Army Corps of Engineers でコンクリート供試体の暴露実験開始	
13	1938	・アメリカで AE 剤の効果を確認 ・アメリカでプレパックドコンクリートを施工 ・早強ポルトランドセメントの JES 制定	
15	1940	・けい酸質混合セメント（後のシリカセメント）の臨 JES 制定	1941 第二次世界大戦開戦
18	1943	・土木学会「無筋コンクリート標準示方書第1部 一般構造物」制定	1944 関門トンネル 1945 第二次世界大戦終戦
21	1946	・初のプレキャストセグメント工法による Luzancy 橋（パリ）完成	1947 カスリン台風
23	1948	・AE 剤の導入 ・わが国でコンクリートポンプ生産開始	1948 福井地震 1948 セメント協会設立
24	1949	・わが国初のレディーミクストコンクリート工場完成 ・土木学会「コンクリート標準示方書」制定	1949 建設業法公布
25	1950	・JIS R 5210「ポルトランドセメント」，JIS R 5211「高炉セメント」，JIS R 5212「シリカセメント」制定 ・建築基準法公布 ・AE 剤の国産化 ・フライアッシュの紹介	
26	1951	・トラックアジテータおよびバッチャープラントの国産化開始 ・減水剤（セメント分散剤）の導入 ・わが国最初の PC 橋（長生橋）完成	
27	1952	・JIS G 3101「一般構造用圧延鋼材」制定 ・JIS G 3106「溶接構造用圧延鋼材」制定 ・合板のせき板の普及開始 ・平岡ダムで大工事としては初めて AE コンクリートを採用	1952 羽田空港
28	1953	・JIS G 3110「異形丸鋼」制定 ・JIS A 5308「レデーミクストコンクリート」の制定	

14

1.5　新しい問題の発現

表-1.1　（つづき）

年号	西暦	コンクリート関連	関連事項
29	1954	・JIS R 5210 に中庸熱ポルトランドセメントを追加 ・日本建築学会「JASS 5 鉄筋コンクリート工事」制定 ・プレパックドコンクリート用混和剤の導入 ・メタルフォーム型枠の導入 ・わが国初の PC 建築物（浜松駅ホーム上屋）完成	
30	1955	・JIS A 5002「構造用軽量コンクリート骨材」制定 ・土木学会「プレストレストコンクリート設計施工指針」制定	1955 日本住宅公団発足 1956 日本道路公団発足
32	1957	・砕石使用レディーミクストコンクリート実用化	1958 マウナロア山で CO_2 観測開始
33	1958	・JIS A 6201「コンクリート用フライアッシュ」制定	
35	1960	・JIS R 5213「フライアッシュセメント」制定 ・JIS G 3536「PC 鋼線及び PC 鋼より線」制定	1958 プレストレストコンクリート技術協会設立 1959 伊勢湾台風
36	1961	・JIS A 5005「コンクリート用砕石」制定	1961 災害対策基本法の公布
37	1962	・ナフタリン系高性能減水剤開発 ・パン型強制練りミキサ導入	1961 日本 ACI 設立 1962 首都高速道路初路線開通
38	1963	・建築基準法改正（31m の高さ制限撤廃） ・減水剤の導入	1963 黒部ダム完成
39	1964	・JIS G 3112「鉄筋コンクリート用棒鋼」制定 ・構造用人工軽量骨材第一号認可 ・コンクリートポンプ車の製造開始	1964 新潟地震 1964 東海道新幹線開業 1964 東京オリンピック
40	1965	・膨張材製造販売開始 ・建設省「河川砂利採取の現状と見直し」発表 ・日本建築学会「JASS 10 壁式プレキャスト鉄筋コンクリート工事」制定 ・強制練りミキサの導入	1965 名神高速道路 1965 日本コンクリート会議設立
41	1966	・建設省「河川砂利基本対策要綱」を策定 ・土木学会「プレパックドコンクリート施工指針（案）」制定 ・土木学会「人工軽量コンクリート設計施工指針（案）」制定	

15

第1章　コンクリート技術の系譜

表-1.1　（つづき）

年号	西暦	コンクリート関連	関連事項
42	1967	・日本農林規格「コンクリート型わく用合板」制定	1968 十勝沖地震 1968 霞が関ビル
44	1969	・JIS G 3117「鉄筋コンクリート用再生棒鋼」制定 ・土木学会「鉄筋コンクリート工場製品設計施工指針（案）」制定	1969 東名高速道路 1969 土木施工管理技士制度発足
45	1970	・高炉スラグ微粉末製造開始 ・強制練りミキサのJIS制定	1970 コンクリート技士制度発足 1970 日本万国博覧会（大阪）
46	1971	・JIS G 3109「PC鋼棒」制定 ・Gjørvコンクリートの海水中における長期耐久性試験結果報告 ・RCCの概念構築	1971 コンクリート主任技士制度発足 1971 環境庁設置
47	1972	・土木学会「アルミナセメントコンクリート施工指針（案）」制定 ・日本建築学会「コンクリートポンプ工法施工指針案・同解説」制定	1972 札幌オリンピック 1972 ローマクラブ「成長の限界」発表 1972 国連人間環境会議（ストックホルム会議） 1973 第一次石油危機
48	1973	・JIS R 5210 に超早強ポルトランドセメントを追加	
49	1974	・恵那山トンネルでSFRC採用およびGRCの導入 ・わが国初の高層RCアパート（18階建て，椎名町アパート）完成	
50	1975	・土木学会「太径鉄筋D51を用いる鉄筋コンクリート構造物の設計指針（案）」制定	1975 山陽新幹線開通 1975 日本コンクリート工学協会（JCI）設立
51	1976	・RCD工法の試験施工（北陸地建・大川ダム） ・土木学会「海洋コンクリート構造物設計施工指針（案）」制定 ・日本建築学会「コンクリートの調合設計・調合管理・品質検査指針案・同解説」制定 ・日本建築学会「高強度鉄筋コンクリート造設計施工指針案・同解説」制定 ・日本建築学会「超早強ポルトランドセメントによるコンクリート調合設計・施工指針案・同解説」制定	
52	1977	・JIS A 5011「コンクリート用高炉スラグ粗骨材」制定 ・SECコンクリートの開発 ・水中コンクリートの開発	

1.5 新しい問題の発現

表-1.1 （つづき）

年号	西暦	コンクリート関連	関連事項
53	1978	・レディーミクストコンクリートの共販 ・JIS R 5210 に耐硫酸塩ポルトランドセメントを追加 ・土木学会「プレストレストコンクリート標準示方書」制定 ・土木学会「高炉スラグ砕石コンクリート設計施工指針（案）」制定 ・日本建築学会「フライアッシュセメントを使用するコンクリートの調合設計・施工指針案・同解説」制定 ・日本建築学会「高炉セメントを使用するコンクリートの調合設計・施工指針案・同解説」制定 ・日本建築学会「鉄筋コンクリート造のひび割れ対策（設計・施工）指針案・同解説」制定 ・日本建築学会「寒中コンクリート施工指針案・同解説」制定 ・日本建築学会「軽量コンクリート調合設計・施工指針案・同解説」制定 ・日本建築学会「膨張材を使用するコンクリートの調合設計・施工指針案・同解説」制定 ・日本建築学会「高炉スラグ砕石コンクリート施工指針案・同解説」制定 ・日本建築学会「コンクリート用表面活性剤使用指針案・同解説」制定	1978 宮城県沖地震 1978 新東京国際空港
54	1979	・土木学会「膨張コンクリート設計施工指針（案）」制定 ・セメントの5%以下の混合材の使用を許容	1979 第二次石油危機
55	1980	・JIS A 5004「コンクリート用砕砂」制定 ・JIS A 6202「コンクリート用膨張材」制定 ・JIS A 6203「セメント混和用ポリマーディスパージョン及び再乳化形粉末樹脂」制定 ・水中不分離性混和材導入 ・土木学会「高強度コンクリート設計施工指針（案）」制定 ・土木学会「亜鉛めっき鉄筋を用いる鉄筋コンクリートの設計施工指針（案）」制定	1980 中央自動車道

17

第 1 章　コンクリート技術の系譜

表-1.1　（つづき）

年号	西暦	コンクリート関連	関連事項
56	1981	・JCI「コンクリートのひび割れ調査・補修指針」制定 ・JIS A 5012「コンクリート用高炉スラグ細骨材」制定 ・土木学会「コンクリート構造の限界状態設計法試案」制定	
57	1982	・JIS A 6204「コンクリート用化学混和剤」制定 ・JIS A 6205「鉄筋コンクリート用防せい剤」制定 ・土木学会「鉄筋継手指針」制定 ・収縮低減剤の市販開始 ・ダブルミキシング工法	1982 関越自動車道 1982 九州自動車道 1982 東北新幹線開業 1982 上越新幹線開業
58	1983	・土木学会「コンクリート構造の限界状態設計法指針（案）」制定 ・土木学会「高炉スラグ細骨材を用いたコンクリートの設計施工指針（案）」制定 ・土木学会「鋼繊維補強コンクリート設計施工指針（案）」制定 ・土木学会「流動化コンクリート施工指針（案）」制定 ・日本建築学会「流動化コンクリート施工指針案・同解説」制定 ・日本建築学会「高炉スラグ細骨材を用いるコンクリート施工指針・同解説」制定 ・JCI「海洋コンクリート構造物の防食指針（案）」制定	1983 中国自動車道 1983 日本海中部地震 1983 コンクリート劣化問題
59	1984	・北海用海洋 P/F の軽量骨材コンクリートにシリカフュームを輸入使用 ・土木学会「鉄筋継手指針（その 2）－鉄筋のエンクローズ溶接継手－」制定	
60	1985	・建設省総プロ「コンクリート耐久性向上技術の開発」開始 ・土木学会「人工軽量骨材コンクリート設計施工マニュアル」制定 ・土木学会「コンクリートのポンプ施工指針（案）」制定	
61	1986	・JIS R 5210 に低アルカリポルトランドセメントを追加	1986 東北自動車道開通 1986 ISO 9000 シリーズ制定

1.5 新しい問題の発現

表-1.1 （つづき）

年号	西暦	コンクリート関連	関連事項
		・土木学会「エポキシ樹脂塗装鉄筋を用いる鉄筋コンクリートの設計施工指針（案）」制定	
		・土木学会「連続ミキサによる現場練りコンクリート施工指針（案）制定	
		・土木学会「アンダーソン工法設計施工要領（案）」制定	
		・土木学会「コンクリート標準示方書［設計編］」において限界状態設計法の導入	
		・JCI「マスコンクリートのひび割れ制御指針」制定	
62	1987	・土木学会「PC合成床版工法設計施工指針（案）」制定	1987 国鉄分割民営化
		・連続繊維補強材の橋梁への適用	1987 国連・環境と開発に関する委員会「Our Common Future」発刊
		・高性能減水剤の導入	
63	1988	・土木学会「高炉スラグ微粉末を用いたコンクリートの設計施工指針（案）」制定	1988 瀬戸大橋
		・日本建築学会「型枠の設計・施工指針案」制定	1988 IPCC 設立
		・建築省総プロ「New RC」開始	
		・締め固め不要コンクリート開発	
平成 元	1989	・本州四国連絡橋工事で大量の水中不分離性コンクリート使用	1989 バブル景気
		・土木学会「コンクリート構造物の耐久設計指針（試案)」制定	
		・日本建築学会「流動化コンクリート施工指針・同解説」制定	
3	1991	・土木学会「プレストレストコンクリート工法設計施工指針」制定	1991 バブル崩壊
		・土木学会「水中不分離性コンクリート設計施工指針（案）」制定	1991 ISO9000 シリーズの JIS 制定
		・日本建築学会「コンクリートの品質管理指針・同解説」制定	
		・日本建築学会「高耐久性鉄筋コンクリート造設計施工指針（案）」制定	
		・リサイクル法公布	
4	1992	・土木学会「太径ねじふし鉄筋 D57 および D64 を用いる鉄筋コンクリート構造物の設計施工指針（案）」制定	1992 リオ環境サミット
		・土木学会「鋼コンクリートサンドイッチ構造設計施工指針（案）」制定	

19

第 1 章　コンクリート技術の系譜

表-1.1　（つづき）

年号	西暦	コンクリート関連	関連事項
5	1993	・日本建築学会「高性能 AE 減水剤コンクリートの調合・製造および施工指針（案）・同解説」制定 ・日本建築学会「暑中コンクリートの施工指針（案）・同解説」制定 ・日本建築学会「鋼繊維補強設計施工指針（案）」制定 ・土木学会「高性能 AE 減水剤を用いたコンクリートの施工指針（案）付・流動化コンクリート施工指針」制定 ・土木学会「膨張コンクリート設計施工指針」制定 ・土木学会「高炉スラグ骨材コンクリート施工指針」制定	1993 横浜ランドマークタワー
6	1994	・わが国初の波形鋼板ウェブ橋（新開橋）完成 ・土木学会「鉄筋のアモルファス接合継手設計施工指針（案）」制定 ・土木学会「フェロニッケルスラグ細骨材コンクリート施工指針（案）」制定 ・日本建築学会「フェロニッケルスラグ細骨材を用いるコンクリートの設計施工指針（案）・同解説」制定 ・本州四国連絡橋公団「マスコンクリート用高流動コンクリート設計施工基準・同解説（案）」制定 ・UHPC の緒となる Reactive Powder Concrete 発表	1994 関西国際空港 1994 小田原ブルーウェイ（世界発のエクストラドーズド橋）
7	1995	・JIS A 6206「コンクリート用高炉スラグ微粉末」制定 ・JIS A 6204 に高性能 AE 減水剤を追加 ・土木学会「シリカフュームを用いたコンクリートの設計・施工指針（案）」制定 ・土木学会「コンクリート構造物の維持管理指針（案）」制定 ・土木学会「コンクリート構造物の耐久設計指針（案）」制定 ・「コンクリートの長期耐久性－小樽港百年耐久性に学ぶ（技報堂出版）」発刊 ・第 1 回 CONSEC 国際会議開催	1995 兵庫県南部地震 1995 COP1 開催 1995 円高加速（1 ドルが 80 円を割り込む）
8	1996	・土木学会「コンクリート標準示方書」に［耐震設計編］を新設	1996 ISO14000 シリーズ

20

1.5 新しい問題の発現

表-1.1 （つづき）

年号	西暦	コンクリート関連	関連事項
9	1997	・土木学会「高炉スラグ微粉末を用いたコンクリートの施工指針」制定 ・土木学会「連続繊維補強材を用いたコンクリート構造物の設計・施工指針（案）」制定 ・日本建築学会「高炉スラグ微粉末を使用するコンクリートの調合設計・施工指針（案）・同解説」制定 ・日本建築学会「シリカフューム用いたコンクリートの調合設計・施工ガイドライン」制定 ・JIS R 5210 に低熱ポルトランドセメントを追加 ・JIS A 5011-1「コンクリート用スラグ骨材－第1部:高炉スラグ骨材」，JIS A 5011-2「同－第2部：フェロニッケルスラグ骨材」，JIS A 5011-3「同－第3部：銅スラグ骨材」制定 ・土木学会「複合構造物設計・施工指針（案）」制定 ・土木学会「鉄筋の自動エンクローズ溶接継手設計施工指針（案）」制定 ・日本建築学会「高流動コンクリートの材料・調合・製造・施工指針（案）・同解説」制定 ・日本建築学会「鉄筋コンクリート造建築物の耐久性調査・診断および補修指針（案）・同解説」制定	1997 東京湾アクアライン 1997 北陸新幹線 1997 COP3「京都議定書」採択
10	1998	・土木学会「高流動コンクリート施工指針」制定 ・土木学会「フェロニッケルスラグ細骨材を用いたコンクリートの施工指針」制定 ・土木学会「銅スラグ細骨材を用いたコンクリートの施工指針」制定 ・日本建築学会「銅スラグ細骨材を用いるコンクリートの設計施工指針（案）・同解説」制定	1998 明石海峡大橋 1998 長野オリンピック
11	1999	・土木学会「コンクリート標準示方書［施工編］耐久性照査型」制定 ・土木学会「コンクリート構造物の補強指針（案）」制定	1999 山陽新幹線福岡トンネルコンクリート塊落下事故

21

第 1 章 コンクリート技術の系譜

表-1.1 （つづき）

年号	西暦	コンクリート関連	関連事項
12	2000	・土木学会「フライアッシュを用いたコンクリートの施工指針（案）」制定 ・土木学会「鋼繊維補強鉄筋コンクリート柱部材の設計指針（案）」制定 ・土木学会「LNG 地下タンク躯体の構造性能照査指針（案）」制定 ・日本建築学会「フライアッシュを使用するコンクリートの調合設計・施工指針（案）・同解説」制定 ・JIS A 6207「コンクリート用シリカフューム」制定 ・土木学会「トンネルコンクリート施工指針（案）」制定 ・土木学会「連続繊維シートを用いたコンクリート構造物の補修補強指針」制定 ・建築基準法の性能規定化 ・「国等による環境物品等の調達の推進等に関する法律」制定	
13	2001	・土木学会「コンクリート標準示方書［維持管理編］」制定 ・土木学会「電気化学的防食工法設計施工指針（案）」制定 ・土木学会「自己充てん型高強度高耐久コンクリート構造物設計・施工指針（案）」制定 ・土木学会「高強度フライアッシュ人工骨材を用いたコンクリートの設計・施工指針（案）」制定	2001 コンクリート診断士制度発足
14	2002	・JIS R 5214「エコセメント」制定 ・建設リサイクル法の施行 ・国土交通省「土木・建築にかかる設計の基本について」制定 ・東京都「建築物環境計画書制度」 ・日本建築学会「連続繊維補強コンクリート系構造設計施工指針（案）」制定 ・わが国初の「ダクタル」PC 橋梁（酒田みらい橋）完成	
15	2003	・JIS A 5011-4「コンクリート用スラグ骨材－第 4 部：電気炉酸化スラグ骨材」制定	2003 宮城県沖地震 2003 北海道南西沖地震

表-1.1 （つづき）

年号	西暦	コンクリート関連	関連事項
16	2004	・土木学会「エポキシ樹脂塗装鉄筋を用いる鉄筋コンクリートの設計施工指針（改訂版）」制定 ・土木学会「電気炉酸化スラグ骨材を用いたコンクリートの設計・施工指針（案）」制定 ・普通ポルトランドセメントの塩化物イオン量 0.035％以下に制限 ・土木学会「超高強度繊維補強コンクリートの設計・施工指針（案）」制定 ・日本建築学会「鉄筋コンクリート造建築物の耐久設計施工指針（案）・同解説」制定 ・日本建築学会「プレキャスト複合コンクリート施工指針（案）・同解説」制定 ・国土交通省「橋梁定期点検要領（案）」制定 ・国土交通省「コンクリート橋の塩害に関する特定点検要領（案）」制定	2004 新潟県中越地震
17	2005	・JIS A 5021「コンクリート用再生骨材 H」制定 ・土木学会「表面保護工法設計施工指針（案）」制定 ・土木学会「吹付けコンクリート指針（案）」制定 ・土木学会「アルカリ骨材反応対策小委員会報告書－鉄筋破断と新たなる対応－」発刊 ・土木学会「電力施設解体コンクリートを用いた再生骨材コンクリートの設計施工指針（案）」制定 ・土木学会「コンクリート構造物の環境性能照査指針（試案）」制定 ・日本建築学会「高強度コンクリート施工指針（案）・同解説」制定 ・日本建築学会「電気炉酸化スラグ細骨材を用いるコンクリートの設計施工指針（案）・同解説」制定	2005 道路関係公団民営化 2005 中部国際空港 2005 耐震偽装問題 2005 新 JIS マーク表示制度
18	2006	・JIS A 5031「一般廃棄物，下水汚泥又はそれらの焼却灰を溶融固化したコンクリート用溶融スラグ骨材」制定	

第 1 章　コンクリート技術の系譜

表-1.1 （つづき）

年号	西暦	コンクリート関連	関連事項
19	2007	・JIS A 5023「再生骨材 L を用いたコンクリート」制定 ・JIS A 6204 に高性能減水剤，硬化促進剤，流動化剤を追加 ・日本建築学会「鉄筋コンクリート造建築物の収縮ひび割れ制御設計・施工指針（案）・同解説」制定 ・JIS A 5022「再生骨材 M を用いたコンクリート」制定 ・土木学会「複数微細ひび割れ型繊維補強セメント複合材料設計・施工指針（案）」制定 ・土木学会「施工性能にもとづくコンクリートの配合設計・施工指針（案)」制定 ・土木学会「鉄筋定着・継手指針」制定 ・土木学会「舗装標準示方書」を「コンクリート標準示方書」から独立して制定 ・日本建築学会「エコセメントを使用するコンクリートの調合設計・施工指針（案）・同解説」制定 ・ISO/TC71/SC8 設置	
20	2008	・土木学会「ステンレス鉄筋を用いるコンクリート構造物の設計施工指針（案）」制定 ・日本建築学会「鉄筋コンクリート造建築物の環境配慮施工指針（案）・同解説」制定 ・日本建築学会「建築物の調査・診断指針（案）・同解説」制定 ・日本建築学会「マスコンクリートの温度ひび割れ制御設計・施工指針（案）・同解説」制定 ・国土交通省「塩害橋梁維持管理マニュアル（案）」制定 ・国土交通省「アルカリ骨材反応による劣化を受けた道路橋の橋脚・橋台躯体に関する補修・補強ガイドライン」制定 ・ACI St. Louis Workshop on Sustainability 開催	2008 リーマンショック 2008 日本で初の総人口の減少（人口減少元年）
21	2009	・JIS A 5041「コンクリート用砕石粉」制定 ・ACI Concrete Sustainability Forum 開催	

24

1.5 新しい問題の発現

表-1.1 （つづき）

年号	西暦	コンクリート関連	関連事項
22	2010	・土木学会「エポキシ樹脂を用いた高機能PC鋼材を使用するプレストレストコンクリート設計施工指針（案）」制定 ・土木学会「土木構造物共通示方書」制定 ・ACI Concrete Sustainability Forum III 開催 ・ACF 台北サステイナビリティ宣言およびフォーラム設置	
23	2011	・ACI Concrete Sustainability Forum IV 開催 ・JCI サステイナビリティ委員会設置	2011 東北地方太平洋沖地震 2011 日本コンクリート工学会設立
24	2012	・土木学会「けい酸塩系表面含浸工法の設計施工指針（案）」制定 ・土木学会「高流動コンクリートの配合設計・施工指針（2012 年版）」制定 ・土木学会「コンクリート標準示方書」に[基本原則編]を新設 ・ISO 13315-1「Environmental management for concrete and concrete structures - General principles」制定 ・「The sustainable use of concrete (CRC Press)」発刊 ・ACI Concrete Sustainability Forum V 開催 ・コンクリートサステイナビリティ宣言 ・JCI サステイナビリティフォーラム設置	2012 中央自動車道笹子トンネル天井板落下事故 2012 プレストレストコンクリート工学会設立
25	2013	・第 1 回コンクリートサステイナビリティに関する国際会議（ICCS13）開催 ・「fib Model Code for Concrete Structures 2010」発刊 ・「Building Code Requirements for Structural Concrete and Commentary (ACI 318-14)」発刊 ・ACI Concrete Sustainability Forum VI 開催	2013「強くしなやかな国民生活の実現を図るための防災・減災等に資する国土強靱化基本法」施行
26	2014	・土木学会「複合構造標準示方書」制定 ・土木学会「コンクリートのあと施工アンカー工法の設計・施工指針（案）」制定 ・土木学会「トンネル構造物のコンクリートに対する耐火工設計施工指針（案）制定 ・日本建築学会「再生骨材を用いるコンクリートの設計・製造・施工指針（案）」制定 ・ISO 16311 シリーズ「Maintenance and repair of concrete structures」制定	2014 ISO55000 シリーズ「アセットマネジメント」制定 2014 IPCC 第 5 次評価統合報告書 2014 あべのハルカス（300m）

表-1.1 （つづき）

年号	西暦	コンクリート関連	関連事項
27	2015	・ISO 13315-2「Environmental management for concrete and concrete structures – Part 2: System boundary and inventory data」制定 ・JCI「既存コンクリート構造物の性能評価指針 2014」制定 ・ACI Concrete Sustainability Forum VII 開催 ・JIS A 6208「コンクリート用ポリプロピレン短繊維」制定 ・土木学会「鋼コンクリート合成床版設計・施工指針（案）」制定 ・ACI Concrete Sustainability Forum VIII 開催 ・JCI サステイナビリティフォーラムシンポジウム開催	2015 北陸新幹線（長野－金沢）開業 2015 軍艦島（端島）世界遺産登録 2015 COP21「パリ協定」採択 2015 訪日外国人数 1973.7 万人（2015 年度には 2000 万人超える）
28	2016	・第 2 回 JCI サステイナビリティフォーラムシンポジウム開催 ・第 2 回コンクリートサステイナビリティに関する国際会議（ICCS16）開催 ・「コンクリート構造物のサステイナビリティ設計（技報堂出版）」発刊	2016 北海道新幹線（新青森－新函館北斗）開業 2016 平成 28 年熊本地震

◎参考文献

1.1）長瀧重義監修：コンクリートの長期耐久性，技報堂出版，1995
1.2）日本コンクリート工学会：コンクリート診断技術 '16［応用編］，2016
1.3）日本コンクリート工学会：既設コンクリート構造物の維持管理と補修・補強技術に関する特別委員会報告書，2015
1.4）菊地勝広：横須賀製鉄所における建設材料研究の史的意義に関する一考察，横須賀市博物館研究報告（人文科学），47，pp.35–46，2003
1.5）国土交通白書，2015
1.6）再生骨材の最近の動向について，北海道開発土木研究所月報，No.632，2006

第2章
コンクリート構造物設計法の
発展の系譜

2.1 経験則から許容応力度法による設計へ

　地球上でコンクリートあるいはそれに類するものが初めて使用された大規模な構造物はエジプトのピラミッドではないかと言われている。ピラミッドの主たる構造材料は石材であり，コンクリートが使用されたといっても，天然ポゾランを用いたモルタルが石材の目地を埋める目的で使用されたもので，その際，綿密な配合設計計算や構造解析が行われたとは考えにくい。これ以降，さまざまな構造物が建設されてきたが，コンクリートが用いられた人工構造物の設計や施工においては，主に技術者の経験や先人からの伝承に基づくものであり，理論的あるいは科学的に合理的な方法で構造体の性能が確認されなかったのではないかと推察される。紀元前数十年に書かれたとされるウイトルーウイウスの建築書[2.1]も，その内容はかなり怪しいものと言わざるを得ない。ローマ時代から中世，そして近代へと建設技術は発展してきたことは事実であるが，建設分野で力学的背景をもって扱われるようになってからせいぜい100年程度と思われる。

　我が国では横須賀製鉄所第1号ドライドック（1867〜1871）が大規模構造物へのコンクリートの最初の適用であるとされている。この構造物は主に石材を積み上げたものであるが，背後あるいは目地にコンクリート（モルタル）が適用されている。当時我が国には大規模な構造物を設計する知識はまったくと言っていいほどなかったため，お雇い外国人のフランス人技師 F. L. Verny の知識によっている[2.2]。詳細は不明であるが，おそらく彼の経験と簡単な実験・検証等に基

づく設計であったのではないかと推測される。

　時代を経て，土木工学が体系化されて種々の取組がなされた結果，20世紀冒頭から設計法の制定が世界中で着手された。我が国に限らず，土木分野における理論等に基づく系統だった最初の設計の手法は，許容応力度設計法（allowable stress design）であったと考えられる。これは，構造物に発生する応力度がその構造物を構成している材料の許容応力度を超えないように諸元などを決定する方法である。つまり，部材の破壊に対する必要な安全度を確保するために，部材が破壊荷重またはこれに近い荷重を受けた場合の応力状態を基として，これに安全率を乗じ，その分破壊に対する余裕をとる方法であったと言える。我が国においては，1912年刊行の「鋼鉄道橋設計示方書」で鋼鉄道構造物の，1926年に内務省が制定した「道路構造に関する細則案」で道路構造物の，また，1931年刊行の「鉄筋コンクリート標準示方書」[2.3] において，鋼およびコンクリートの許容応力度が規定され，土木構造物の公的な設計基準として初めて現在にも通用する設計の基本的な考え方が示されるに至った。

　土木学会として初めて制定された上記鉄筋コンクリート標準示方書では，「土木工学の発達に伴いコンクリートおよび鉄筋コンクリートを適用すべき機会が益々多からんとするに当り之が標準示方書を要望すること甚切なるものあり……（漢字は現在の字体に変えている）」との序文にあるように，コンクリートの品質，材料，配合，練混ぜ，打込み，養生等の材料および施工に関すること，応力の計算など設計に関すること，および試験方法に関する一般の標準を示している。設計に関しては，曲げ応力あるいは曲げ応力と軸応力の合成応力の計算において，コンクリートの引張力を無視し，維変形は断面の中立軸の距離に比例すると仮定してよい，との記述がある。また，計算に必要な鉄筋およびコンクリートの弾性係数が定められている。また，第17章許容応力では，許容応力度の設定について規定されており，許容軸応力度は$\sigma_{28}/4$（$\leq 50\,\mathrm{kg/cm^2}$），許容曲げ応力度は$\sigma_{28}/3$（$\leq 65\,\mathrm{kg/cm^2}$），許容せん断応力度は$4.5\,\mathrm{kg/cm^2}$，許容付着応力度は$5.5\,\mathrm{kg/cm^2}$，および許容支圧応力度は$\sigma_{28}/3.5$（$\leq 55\,\mathrm{kg/cm^2}$）とされている。また，鉄筋の許容応力度は圧縮と引張で同じ値の$1\,200\,\mathrm{kg/cm^2}$である。さらに，これらの許容応力度は，地震の影響を考慮する場合には，1.5倍まで増大することを認めている。これは，大きな地震はそうたびたび起こるものではなく，まれに起こ

2.1 経験則から許容応力度法による設計へ

る地震に対しても同様の安全度を有するように構造物を設計することは経済上許されないことが多く，また普通の荷重に対するのと同じ許容応力度を使用すると断面が大きくなり，死荷重が増すことで一層地震の影響が大きくなることが起こり得るためである，と解説で示されている。つまり，短い時間しか作用しない外力によって生じる応力の制限を緩和しても圧縮強度に比してまだ余裕があることを考慮し，経済的な観点から許容応力度を割り増している。

許容応力度法が採用された背景として，同鉄筋コンクリート標準示方書では次のことが記述されている（注：原文要約）。

鉄筋コンクリートは性質の異なる鉄筋とコンクリートを結合し，これらが協働して外力に抵抗するように構成されたものである。しかし，鉄筋とコンクリートが協働するさまは，鉄筋コンクリートが破壊するまでの間においてこれに加えられる荷重の大きさによって異なる。それで，小さい荷重を受けた場合，鉄筋およびコンクリートに生じている応力の真の値を求める計算方法は，破壊荷重またはこれに近い荷重を受けた場合，鉄筋とコンクリートに生じる真の応力を求めるにはまったく適合しない。逆に，破壊荷重またはこれに近い荷重を受けた場合に生じる応力の真の値を求めるような計算方法は，普通実際に加えられる荷重によって生じる応力の真の値を与えない。鉄筋コンクリート部材の設計に際し，その断面を算定するために行う計算の目的は，その部材の破壊に対し必要な安全度を有するようにすることである。その目的に対しては，鉄筋コンクリート部材が破壊荷重またはこれに近い荷重を受けた場合における応力状態を元とした計算の方法を採用し，適当な安全率を選んで部材に加えられる許容荷重を定めた方が便利である。本示方書の計算方法はこの主旨に従ったもので，鉄筋コンクリート部材の設計に際して，十分安全な断面を算定するためと，設計の安全の程度を検算するためとに使用すべき計算方法である。鉄筋コンクリート桁の試験結果によると，引張主鉄筋における引張応力が約 $350\,\mathrm{kg/cm^2}$ に達すると引張側のコンクリートには亀裂が生じる。鉄筋における引張応力が普通の許容応力に達するときには，この亀裂はほとんど中立軸近くに達するものである。さらに鉄筋の引張応力が大になって，鉄筋の弾性限度を超過するようになれば，桁は破壊に近い状態となる。普通に設計された桁においてはこのような破壊を生じるのが普通

29

である。よって，コンクリートに引張応力が働かないという状態は，一般に桁の破壊に近い状態である。ゆえに，鉄筋コンクリート桁が十分な安全度を有することを証明しようとする計算の目的に対しては，コンクリートの引張応力を無視し，曲げ引張応力はすべて鉄筋で受けると考えるのが適当である。

　鉄筋の弾性限度を最大強度の70％と仮定し，鉄筋の許容引張応力度を弾性限度の1/2（普通炭素鋼の場合1 200 kg/cm^2）に取れば，桁の弾性限度に対する安全率は2，桁の最大強度に対する安全率は2以上となる。前述のように，コンクリートの圧壊による桁の破壊に対する安全率は3.5位になっているが，鉄筋はコンクリートに比して均質であり，コンクリートよりも信頼しうるべき材料であるから，鉄筋によって定まる桁の最大強度に対する安全率は上記の2以上で充分である。

1949年制定の標準示方書から，無筋コンクリートと鉄筋コンクリートがわかれて掲載された。また，許容応力度の設定の見直しが行われた。供用圧縮応力度に対する安全率4は，実験経過や各国の標準示方書を参照し，かつコンクリートの圧縮強度についての規定も考えて十分安全な値として選んだものであるとされている。また，鉄筋コンクリートの設計に関しては，実験結果および過去の経験をもとに，構造物が受ける荷重，気象作用，温度変化，地耐力，地震力等に対応できるように，用いる材料，現場の施工技術の良否の程度等を考えて，許容応力度のほか鉄筋の間隔，かぶり等を定めることとしている。1956年の改訂では，許容応力度の値が大きくなった。鉄筋の許容応力度は，材質に応じて1 400 kg/cm^{2}または1 600 kg/cm^{2}と規定された。

　建築物では1950年に建築基準法が制定された際に，許容応力度法による設計法が制度化された。また，米国では，最初に米国コンクリート学会ACIの規格であるACI 318 Standard Building Regulations for the Use of Reinforced Concreteが1910年に発刊され，ここでは許容応力度の計算と実験により定まったルールに基づいた要求事項を規定し，この方法は1956年の改訂まで継続された。

2.2　限界状態設計法と信頼性設計法の登場

構造物の設計とは，荷重や環境等の物理的作用，化学的作用に対して構造物が

2.2 限界状態設計法と信頼性設計法の登場

要求される性能を確保していることを客観的に確認することである。その点から考えると，許容応力度設計法においては，部材の断面に発生する応力の制限値が，どのような性能を確保するためのものであるか明確でない。言い換えれば，許容応力度設計法は，単に構造物の安全性を一定水準以上に保つのに有効であるものと言える。

一方，許容応力度設計法の適用に際しては，問題が起きたり新しい現象が見られると許容応力度を修正したりあるいは割り増し係数により修正することで対応されてきた。しかし，各種載荷試験により構造物の挙動がより詳細に把握されてきたことや，数値解析法の進展により弾性域の力学特性のみならず材料の塑性域での挙動もしだいに把握されるようになり，材料や構造の非線形性を構造設計法に反映できるようになってきた。非線形性を考慮してより合理的な設計が可能となるということは，経済的に構造物を建造するという要請にも合致している。これらのことから，新たな設計の体系の検討が図られてきた。

許容応力度設計法の上述の欠点を克服し，非線形性も取り入れた設計の新たな枠組みとして構築されたのが限界状態設計法（limit state design）である。限界状態設計法とは，構造物が保持していると期待されている性能を所要の状態（限界状態）において確認するための方法で，その状態に達すると不都合さが急激に増加する状態を定義し，この限界状態に到達しないことを客観的に確認するものである。

限界状態設計法は特にコンクリート構造物で多くの利点が期待されたため，1989 年制定のコンクリート標準示方書で初めて従来の許容応力度設計法に代わる方法として規定され，現在に至っている。

海外においても，米国規格や欧州規格でも限界状態設計法が採用されてきた。米国の ACI 318 において初めて限界状態設計の考え方が登場したのは，1963 年改訂版である。ACI 318 では，1971 年に許容応力度による方法は完全に削除され，現在に至っている。ヨーロッパでは終局強度法が採用され，耐力と外力による応答との比較で照査する方法が導入された。1978 年制定の CEB–FIP Model Code for Concrete Structures に初めて部分係数法による限界状態設計法の記述が見られる。その後，米国では 1973 年 AASTHO に荷重係数設計法，その後に荷重抵抗係数設計法（LRFD），カナダのオンタリオ州では 1979 年 OHBD，イギリスでは

31

第2章　コンクリート構造物設計法の発展の系譜

1982 年 BS5400，ドイツでは 1986 年 DIN18800 で限界状態設計法が導入された。日本ではこれらの情勢を踏まえて限界状態設計法の検討が学会や各種協会で行われ，検討結果を踏まえて本格的に導入され各設計基準に採用されてきた。

　許容応力度設計法も，材料強度の降伏点に対して何がしかの安全率を取って許容応力度を定めており，考え方としては限界状態設計法の1つの状態であるとも考えられる。従来は，許容応力度という1つの項目だけを照査しておけば，終局状態に対する安全性と使用状態に対する使用性の両方とも満たすものと考えてきた。しかしながら，経済設計に対する要求が高まっている現在，使用する材料の強度を高くする，あるいは降伏点を上げるなどの他に，新しい材料を使うなどそれぞれの目的に合った材料の改良，開発が行われている。そのため，構造物の安全性と使用性を1つの項目である許容応力度だけで満たすことはできなくなってきた。限界状態設計法は，このような不都合さ（欠点）を克服することができる。

　ここで，許容応力度設計法と限界状態設計法の意味を比較し，改めて両設計法の特徴を論じる。安全性の照査を一例として，許容応力度設計法と限界状態設計法の比較を図-2.1 に示す。前述のように，許容応力度設計法では，材料強度を安全率で除して許容応力度（σ_a）を定め，材料に生じる作用応力度（σ）がこれを超えないことを照査する方法である。

$$\sigma \leq \sigma_a \tag{2.1}$$

つまり，安全性のマージン（安全率）はすべて許容応力度の設定に集約されていると言える。一方，限界状態設計法では，断面力と断面耐力とを直接比較し，断面力が断面耐力を超えないことを照査する方法である。その際，種々の設計パラメータの信頼度に応じた個別の部分安全係数を設定できることが特徴である。土木学会コンクリート標準示方書では，作用荷重から断面力を求める際に，荷重のばらつきを考慮する荷重係数と構造解析の精度を考慮する構造解析係数が，また，材料強度から断面耐力を求める際に，材料強度のばらつきを考慮する材料係数と断面耐力算定式の精度を考慮する部材係数が規定されている。さらに，最終的な安全性の余裕度を考慮するために，構造物係数が規定されている。このように5つの部分安全係数が導入されている。

　信頼性設計法は，材料，外力のばらつきを考慮して統計関数に置換し性能関数（抵抗力－外力）から破壊確率を計算する方法である。この手法で直接的に破壊

32

確率を計算せず，複数の既述の部分安全係数で代用するのが現在の限界状態設計法の元となっている．信頼性設計法は以前から合理的な設計法とされ研究が進められてきたが，計算の理念がなかなか技術者に理解されてこなかったこと，計算の煩雑さなどで採用されてこなかった．しかし，性能設計法への変換に伴い再度構造設計法として導入されるようになってきた．

信頼性設計法とは，「安全性，使用性，耐久性等の機能（性能）を支障なく遂行する度合い（＝信頼性）がある合理的な水準以上に保てるように，確率統計理論を何らかの形で取り入れて行う設計」である．信頼性理論は土木構造物の設計理論としてすでに1920年代には現れ，1950年代になると制御工学，品質管理工学などの分野でその必要性から研究開発され，体系化されていった．その後，構造物の設計理論へとフィードバックされ，今日の信頼性設計法に至っている．

構造物の設計の基本式は，式（2.2）で表される．

$$g(x, t) = 0 \tag{2.2}$$

ここで，g：設計関数，x：基本パラメータ，t：時間である．

不具合（たとえば構造物や部材の破壊）が起きる確率をP_fとして求めることができれば，P_fが目標値P_{fs}を下回るようにすることで，所要の安全率を有する設計ができることになる．つまり，式（2.3）が目的関数となる．

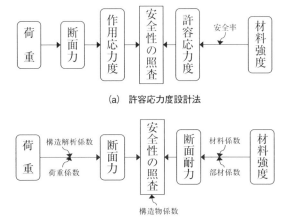

(a) 許容応力度設計法

(b) 限界状態設計法

図-2.1 許容応力度設計法と限界状態設計法

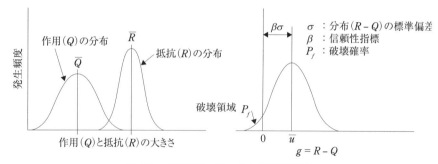

図-2.2　確率的アプローチと信頼性指標 β

$$P_f \leq P_{fs} \tag{2.3}$$

ここで，

$$P_f = P[g(x) < 0] \tag{2.4}$$

であるから，$\beta = -\Phi^{-1}(P_f)$ で表される信頼性指標 β を定めて行う設計が信頼性設計法ということになる（**図-2.2**）。ここで，Φ^{-1} は正規分布の逆関数である。各設計パラメータの確率分布が求められれば，有用な設計法となり得るものである。しかし，それは現段階では難しいので，あらかじめ確率分布形を仮定して得られたパラメータごとの安全係数，つまり部分安全係数に置き換えて設計に供している。

2.3　性能設計法への移行

これまでの設計基準が仕様設計法すなわち設計計算式，材料，規格値などが決められた条件下，すなわち法律的な背景（遵守義務がある）で行われ，結果の妥当性がチェックされてきた。仕様設計法は，発注側の国，地方公共団体，公団（今は多くが民営化）が制定し，大量に急速に施設を整備する場合には非常に有効といえる。しかし，新しい考え方で生み出された施設や新材料の採用には相応しい設計法とはいえない。つまり，多様なユーザーからの要望に応えることができない。また，民間での技術開発の成果を仕様設計法に反映させることが容易でない。こうしたことから，より合理的な施設の整備や，そのために必要な構造設計法が求められるようになってきた。このような背景により，性能設計法への転換の機

運が出てきた。国際標準化機構（ISO）での国際規格の制定作業の進展に伴い，1986 年に発刊された ISO 2394 にみられるように，構造物の建設目的，要求性能を明示し信頼性理論を基本とした限界状態設計法での性能設計法が採用されるようになってきた。限界状態設計法は，要求性能を一般に終局限界状態，使用限界状態および疲労限界状態の 3 種類の限界状態に置き換え，部材の能力と不都合さを設定してそれぞれを照査する設計法であると言える。

　一方，性能設計法とは，「構造物の設計において，設計目的（構造物に必要とする性能）を明確にしたうえで，材料，構造形式・寸法等の仮定した構造諸元がその必要性能を満足することを直接的に確認する（性能照査する）形式の設計体系」と言える。これは，設計基準（規定）の形式によって分類した場合の用語であり，対立する設計法は「仕様規定型設計法（あるいは仕様設計法)」である。これは，基準等で定められた仕様基準を満足することを確認する形式の設計体系であり，必要とする性能を満足することの確認は，間接的なものとなっている。

　通常の限界状態設計では，その限界状態を規定してその規定を満足するように設計を行う。この限界状態を性能とみなせば，限界状態設計法と性能設計両者には大きな違いはないことになる。ただ，性能という言葉には限界状態以外の条件も含まれるため，性能設計の方がより広い概念を含んでいる。このように，要求される性能を，その性能が損なわれることになる好ましくない状態である限界状態に置き換えて対応させることができれば，両者の設計で意図することは同じである。こうした意味において，限界状態設計法は性能設計法の一つであると考えられる。つまり，性能を設定するという概念そのものが性能設計法である。

2.4　次世代の設計体系

　性能設計法では，原則として規定した性能を満足すれば，どのような設計も許容される。つまり，性能さえ満足すれば，今までにない新たな考え方に基づく斬新な構造物の構築が可能となる。この意味では，設計の自由度が大きくなり，技術イノベーションの道が開かれる可能性が出てくるわけである。もちろん実際は，必要な性能をいかにして設定するか，その性能を保証するためにどのような手順・方法が必要であるか，性能を満足するのみではなく，その設計の合理性あるいは

第2章　コンクリート構造物設計法の発展の系譜

最適性をどう担保するか等，種々の要件を満足しなければならない。

どのような設計法を用いるにせよ，構造物の設計の目的は，「施工および使用期間中に，その構造物が遂行するとされる機能を全うさせること」である。ところが，構造物を設計するという行為は，不確定要因を抱えたままなされなければならないという宿命を持つ。よって，このような要因が不利に働いても，機能を全うしなくなることがほとんど起こらないように，通常の状態では機能に十分余裕があるように設計される。しかし，この余裕を多くとりすぎると不経済な設計をすることになる。つまり設計には，余裕を見込むということと経済性も配慮するという二律背反の要求のバランスを図らなければならないという難問が常につきまとっている。

構造物の性能の一つである耐久性を取り上げてみる。耐久性照査の一つの試みとして，1995年に土木学会コンクリート委員会が「コンクリート構造物の耐久設計指針（案）」[2.4]を制定した。これは，コンクリート構造物を構成する各部材において，耐久指数 T_p が環境指数 S_p 以上（$T_p \geq S_p$）であることを照査し，所要の耐久性を確保しようとするものである。環境指数 S_p は環境条件の厳しさを考慮して与えられるポイントの総和である。一方，耐久指数 T_p は設計作業・部材の形状・補強材の種類・補強材の詳細・設計図等に応じて与えられるポイントの総和である。これら2つの指数の大小関係で，構造物や部材に所要の耐久性があるかどうかを判断する。つまり，耐久性の良否に影響すると思われる各種要因をその重みに応じてポイントを設定している。現在は，材料品質の特性値に応じて耐久性を直接照査する体系となっているが，耐久性が問題となり始めた時期において，このようなポイント制による耐久性のみなし照査が提案されたものの，ポイントの数値的な意味が明確でなく，その後の展開はなかった。

その後，土木学会が1999年に刊行した耐久性照査型のコンクリート標準示方書［施工編］において性能設計を世界で最初に具現化した。この示方書は，耐久性はコンクリートレベルではなく，構造物レベルで扱うべきものととらえ，コンクリート構造物の所要の性能が種々の劣化作用によって損なわれないための照査の方法を規定した。たとえば，構造物の所要の性能がコンクリートの中性化あるいは塩化物イオンの侵入に伴う鋼材腐食によって損なわれないことを照査する手法が示されている。前者に関しては，中性化によって鋼材に腐食が生じないレベ

36

ルに抑えることとし，中性化深さの設計値の鋼材腐食発生限界深さに対する比に構造物係数を乗じた値が 1.0 以下であることを確認する。また，後者に関しては，供用期間中に鋼材に腐食を発生させないレベルに抑えることとして，鋼材位置における塩化物イオン濃度の設計値の鋼材腐食発生限界濃度に対する比に構造物係数を乗じた値が 1.0 以下であることを確認する。

さらに，性能設計を「環境」にも拡張適用することを意図したのが，土木学会の「コンクリート構造物の環境性能照査指針（試案）」[2.5) であり，2005 年に制定されている。この指針（案）の内容については後述する。

また，海外の基準においては，*fib* Model Code 2010[2.6) において，初めてサステイナビリティの概念が登場している。そこでは，サステイナビリティに関係する要求性能として，環境への影響（impact on the environment, which is defined as the influence on the environment of the activities, from the design to disposal）と社会への影響（impact on society, which is defined as the influence on society of the activities from the design to disposal）の 2 点に言及されている。

各国・地域において設計法が進歩してきたことは既述のとおりであるが，程度の相違はあれ，ほとんどの設計基準において性能設計法が採用されてきている。このような設計基準において規定すべきことを規定した国際規格として ISO 19338 Performance and assessment requirements for design standards on structural concrete（構造用コンクリートの設計標準のための性能および評価要求事項）[2.7) がある。これは ISO/TC71（コンクリート，鉄筋コンクリート，およびプレストレストコンクリート）が 2007 年に制定したもので，その後 2014 年に改定されている。各国・地域の規格であるコンクリート構造物の設計基準が備えるべき性能や評価（照査）要求事項を示すものであり，合わせて，この ISO 規格を満足する地域規格，国家規格のリストや満足することを審議するためのプロセスも示されている。本 ISO の目次を参考まで**表-2.1** に示す。一般的な要求事項としての設計コンセプトや構造的一体性（Structural integrity），設計供用年数，品質保証の方法等の規定が求められることをまず示し，要求性能とそれに対応する限界状態として安全・終局限界状態，使用限界状態，復元限界状態，耐久性限界状態，耐火限界状態，疲労限界状態が取り上げられている。荷重や環境作用の規定とともに，部分安全係数法による照査が示されている。

第 2 章　コンクリート構造物設計法の発展の系譜

表-2.1　ISO 19338：2014 の目次構成

1　Scope
2　Normative references
3　Terms and definitions
4　General requirements
　　4.1　Overall structural concept
　　4.2　Structural integrity
　　4.3　Design approach
　　4.4　Design service life
　　4.5　Workmanship, materials and quality assurance
5　Performance requirements
　　5.1　General
　　5.2　Structural safety and ultimate limit states
　　5.3　Serviceability limit states
　　5.4　Restorability limit states
　　5.5　Durability limit state
　　5.6　Fire resistance limit state
　　5.7　Fatigue limit state
6　Loadings and actions
　　6.1　General
　　6.2　Load factors
　　6.3　Action combinations
　　6.4　Permanent loads
　　6.5　Variable loads
　　6.6　Accidental loads
　　6.7　Construction loads
　　6.8　Impact load
　　6.9　Earthquake forces
　　6.10　Wind forces
　　6.11　Environmental actions
7　Assessment
　　7.1　Materials
　　7.2　Analysis of concrete structures
　　7.3　Strength calculations
　　7.4　Partial safety factors for materials
　　7.5　Resistance factors
　　7.6　Resistance criteria
　　7.7　Stability
　　7.8　Precast concrete and composite action
　　7.9　Prestressed concrete
　　7.10　Designs for earthquake resistance
　　7.11　Detailing requirements
　　7.12　Durability
　　7.13　Fire
8　Constructions and quality control
　　8.1　Construction requirements
　　8.2　Quality control

2.4 次世代の設計体系

表-2.2 ISO 2394：2015 の目次構成（一部省略）

1　Scope
2　Definitions
3　Symbols
4　Fundamentals
　4.1　General
　4.2　Aims and requirements to structures
　4.3　Conceptual basis
　4.4　Approaches
　4.5　Documentation
5　Performance modelling
　5.1　General
　5.2　Performance model
　5.3　Limit states
6　Uncertainty representation and modelling
　6.1　General
　6.2　Models for structural analysis
　6.3　Models for consequences
　6.4　Model uncertainty
　6.5　Experimental models
　6.6　Updating of probabilistic models
7　Risk informed decision making
　7.1　General
　7.2　System identification
　7.3　System modelling
　7.4　Risk quantification
　7.5　Decision optimization and risk acceptance
8　Reliability based decision making
　8.1　General
　8.2　Decisions based on updated probability measures
　8.3　Systems reliability versus component reliability
　8.4　Target failure probabilities
　8.5　Calculation of the probability of failure
　8.6　Implementation of probability-based design
9　Semi-probabilistic method
　9.1　General
　9.2　Basic principles
　9.3　Representative and characteristic values
　9.4　Safety formats
　9.5　Verification in case of cumulative damage
Annex A (Informative): Quality management
Annex B (Informative): Lifetime management of structural integrity
Annex C (Informative): Design based on observations and experimental models
Annex D (Informative): Reliability of geotechnical structures
Annex E (Informative): Code calibration
Annex F (Informative): Structural robustness
Annex G (Informative): Optimization and criterion on life safety

39

また，設計基準の最上位の概念を示すものとして ISO 2394 General principles on reliability for structures（構造物の信頼性に関する一般原則）[2.8) が 1986 年に ISO/TC98（構造物の設計の基本）によって制定され，2015 年に第 3 版として改定されている。目次構成を**表-2.2** に示す。この ISO は，各国が設計基準を作成する際に構造種別によらない「基本的考え方」を示すもので，そこでは，限界状態の概念に基づく確率的および準確率的設計法が性能設計を実現しうる最低限のツールとして示されている。なお，2002 年に国土交通省が「土木・建築にかかる設計の基本」[2.9) をとりまとめたが，この ISO の考え方が大きく反映されたものであり，以降国土交通省が所掌する設計基準において従うべきものであるとされている。

ISO 2394 の 2015 年改定版では，構造物の要求条件が拡張され，社会的機能を支え社会の持続的発展を高めるよう設計され，維持管理され，そして解体されなければならないことが原則とされた。そして，構造物のライフサイクルを意識するとともに，社会とのかかわりや地球環境を強く意識して，サステイナビリティへの言及もなされた。その一環として，リスクやロバストネス（Robustness）の概念が導入され，使用性，安全性，ロバストネスを適切な水準のリスクあるいは信頼性でもって満足されるべきものであるとされている。なお，リスク評価については，ISO 13824 [2.10) 等でその考え方が示されている。ここで定義されるロバストネスは，構造物の総合的な安全性の余裕度にかかわるものであると考えられるが，具体的な手法が提示されていない現状では，これらを実施に機能させるのは必ずしも容易ではない。本書で示すサステイナビリティ設計法は，ロバストネスの概念のみならず，これらを環境側面や経済側面も考慮して検討できる手法を提案するものである。

このように，性能設計の体系が世に示されてからさまざまな視点で設計法の体系化が図られ，一定の進展が認められる状況にある。しかし，サステイナビリティの考え方を包括的に扱ったものではない。このようなことから，サステイナビリティの考え方に基づく包括的な設計法が求められている。

現在の設計においては，構造物のライフサイクル（設計供用年数）を通じて最も経済的にその要求性能が確保できるように行うことを原則としているが，そうしたことが実現されているとは言い難い。また，性能設計に基づく構造物の設計

および維持管理の検討は，経済的側面だけでなく，本来ライフサイクルにおける構造物の劣化等による環境負荷や社会への影響も考慮して行われなくてはならない。したがって，構造物の目標とする性能レベルは，安全性の余裕度とその余裕度を得るために費やすコストや環境負荷，および種々の社会的側面とのバランスから，条件に応じて適切に設定されるべきである。

　従来の構造物建設においては，経済性が非常に重要であった。一方，資源・エネルギー問題，地球温暖化などについては，従来の設計体系では観念的な取り扱いがなされ，これらを直接的に評価するようなレベルには達していなかった。しかし，地球温暖化等，これまでの人類の営みに起因する副作用が顕在化してきた現在において，社会や地球の持続可能性を具体的に考えなければいけない状況になってきた。安全性という要求性能を考えてみると，これまでは先述のように，経済性重視の観点から，いわゆる安全率をできるだけ1.0に近づけるような成果が求められ，安全性の余裕度については十分な検討がなされてこなかった。しかし，安全性の余裕度の小さな構造物が，いわゆる想定外の事象が発生した場合にどのような状況に陥るのか明らかである。したがって，今後は，維持管理をも含むこうした新たな問題に対して，具体的に設計体系の中で扱わなければいけない事態に至っている。このような対応の一つに確率論によるリスクの評価があり，先に述べたとおりである。確率論は，理想的で美しい体系であるが，すべての設計変数の確率分布を定める必要があり，残念ながらそれを可能とするまでのデータの蓄積がないのが現状である。確率論的アプローチの代表である部分安全係数法は，部分安全係数が確率的な考察を経て与えられているものの，設計のプロセスはきわめて確定論的なものに近い。

　以上のことから，従来のコンクリート・建設分野の価値観を大きく転換し，必要な対応をとらなければならない時期に来ていると言える。

◎参考文献

2.1)　森田慶一 訳註：ウイトルーウイウス建築書，東海大学出版会，2000
2.2)　徳川幕府の大いなる遺産・横須賀造船所，横須賀の文化遺産を考える会，2004
2.3)　土木學會コンクリート調査會：昭和六年土木學會鐵筋コンクリート標準示方書，1931
2.4)　土木学会：コンクリート構造物の耐久設計指針（案），コンクリートライブラリー82，1995
2.5)　土木学会：コンクリート構造物の環境性能照査指針（試案），コンクリートライブラリー125，

2005

2.6) International Federation for Structural Concrete：*fib* Model Code for Concrete Structures 2010, 2013

2.7) ISO 19338：Performance and assessment requirements for design standards on structural concrete, 2014

2.8) ISO 2394：General principles on reliability for structures, 2015

2.9) 国土交通省：土木・建築にかかる設計の基本, 2002

2.10) ISO 13824：Bases for design of structures — General principles on risk assessment of systems involving structures, 2009

第3章
サステイナビリティ思想の
誕生と現況

3.1　地球誕生以降の環境変化と人類

　地球は約46億年前に誕生したとされる。約6億年を経て原子生物が海中に誕生し，進化した。約5億年前には，植物が陸上に上がった[3.1]。これは，海中の植物が光合成をしてオゾン層が形成され，放射線の影響が和らいだことによる。陸上に上がった植物も進化をして，光合成による酸素を生産した。陸上へ上がった動物は，原始的な無脊椎動物から脊椎動物へと進化する。動物は，植物がつくり出す酸素環境での呼吸をしていたことになる。

　一方，地球は温暖化や寒冷化を繰り返してきた。その原因は，大規模な火山活動や生物の光合成などによる大気中のガスの変化，小惑星の衝突，および地球の自転軸の傾きや軌道の離心率の変化あるいは地球の歳差運動など多くの要因が複雑に作用したものであることが知られている。地球環境は，地質学的時間スケールで見れば炭素循環があり，その過程で炭素固定が行われてきた。大気中の二酸化炭素濃度によって温室効果の程度が異なり，地球の気候に多大な影響を与えてきた。こうした計り知れない複雑な過程を経て現在の地球が出来上がったのである。

　金星は，地球と同じ成り立ちと考えられているが，太陽に近いこと，およびその大気の96.5%が二酸化炭素であることから究極の温室効果状況にあり，その地表温度は450℃を超える。金星の著しい温室効果は，太陽に最も近く大気がほとんど存在しない惑星である水星の表面温度が179℃であることを考慮すれば明ら

43

かである。一方，火星の大気もその約95%が二酸化炭素であるが，大気自体が希薄であるため温室効果が少なく，また太陽から遠いため，その地表気温は−43℃である。地球は，金星と火星の中間に位置し，また大気のほとんどが窒素と酸素であり，二酸化炭素濃度は現在約0.04%である。

　地球の温室効果を正確に予測することは至難の業であることは明らかであるが，上述したことを総合的に考えれば，固定された炭素を二酸化炭素の形で遊離し続けることは，大気がほとんど二酸化炭素だった地球の初期の状態に緩やかに向かっていることは容易に想像でき，現在，人類が直面している地球温暖化は，長い間にわたって炭素が固定された石油，石炭，石灰石を短期間に大量に消費し，二酸化炭素が大量に排出された結果と言える。換言すれば，人類が地球の炭素循環を加速させていることを意味する。

　地球は約46億年前に誕生したが，原人およびホモサピエンスが現れたのは，それぞれ500万年前および300万年前である。そして，現代人の原型は約20万年前にアフリカで生まれ，10万年前頃その子孫が全世界へ移動していき，環境への適用によって，現在の多様な人間の形質が形成されたとされる[3.2]。

　人類の生命維持は狩猟採取を基本としていたが，約1万年前に農業が発明された。いわゆる，農業革命である。それまでの地球人口は5 000万人に満たなかった。しかし，農業の発明は，地球人口を著しく増加させた。およそ紀元前5世紀から紀元後5世紀までローマ時代が続いたが，当時の地球人口は2億人に増加していた。その後の約1 000年間の中世を経て，18世紀中葉に英国で産業革命が起こった時の人口は約8億人とされる。その後250年経った現在の地球人口は70億人を超えている。つまり，現在の人口は，ローマ時代の人口の35倍，産業革命時の人口の9倍弱になったことになる。さらに，今後地球人口は90〜100億人に増加することが予測され，その多くが発展途上国と考えられる。これは，今後著しく資源，エネルギー，および食料の消費が増大することを意味し，半径6 300 km余りに過ぎない地球という天体の環境容量を超える可能性が非常に高い。

3.2 環境問題の顕在化と対応

　イギリスの3人の慈善家が，今から100年以上前の1895年に，野放図な開発から自然や歴史的に貴重な建物を保存するために「The National Trust」を創設した。当時のイギリスは，18世紀中葉に起こった産業革命以降，世界の工場として著しい経済発展が続き，乱開発や工業化による環境破壊が大きな問題となっていた。この組織は，貴重な海岸線，および田舎や建物を取得・保存する活動を今日まで継続している。この活動は，人類が初めて環境の価値を認識し，その継承を組織的かつ具体的に行ってきたという点で高く評価されるべきであろう。

　人類が急激な経済発展のスタートを切ろうとしていた時期に，ローマクラブへの報告書「成長の限界」[3.3)] が1972年に発表された。この報告は，人口増加や環境汚染などが続けば100年以内に地球上の成長は限界に達すると結論した。その内容は衝撃的ではあったが，当時その時間スケールからあまり深刻にとらえられることはなかった。

　国際レベルで「環境」が議論された最初の会議は，1972年にストックホルムで開催された国連人間環境会議である。この会議では「人間環境宣言」が採択され，環境に関する人間の権利と義務に関して以下の第1原則が示された。

　　Man has the fundamental right to freedom, equality and adequate conditions of life, in an environment of a quality that permits a life of dignity and well-beings, and he bears a solemn responsibility to protect and improve the environment for present and future generations.

また，資源について，第2原則として以下のように記述されている。

　　The natural resources of the earth, including the air, water, land, flora and fauna and especially representative samples of natural ecosystems, must be safeguarded for the benefit of present and future generations through careful planning or management, as appropriate.

このように，これらの原則では，「現世代」だけではなく「将来世代」をも明確に認識した。この環境宣言の実施機関として「国連環境計画（UNEP）」が設置された。

45

第3章　サステイナビリティ思想の誕生と現況

1987 年には，UN World Commission on Environment and Development が，いわゆる Brundtland Report[3.4] を発刊し，よく知られた以下の Sustainable Development の概念を初めて定義した。

"Sustainable development is development that meets the needs of the present without compromising the ability of future generations to meet their own needs."

さらに，同報告書では，economic and social development のゴールは「サステイナビリティ（sustainability）」の観点から定めるべきであることを述べているが，サステイナビリティに関する明確な定義はなされていない。しかし，サステイナビリティは経済・社会システムと位置づけており，また経済とエコロジーは完全に統合されねばならないことが述べられている。つまり，サステイナビリティは，社会，経済，および環境の3つの柱から構成されていると考えることができ，現在そうした理解で一般的に扱われている。

同報告書で注目すべきもう1つは，すでに温暖化について以下のように述べられていることである。

"The burning of fossil fuels puts into the atmosphere carbon dioxide, which is causing gradual global warming. This 'greenhouse effect' may by early next century have increased average global temperatures enough to shift agricultural production areas, raise sea levels to flood coastal cities, and disrupt national economies."

このように，この報告書は，現在我々が抱える問題を約30年前にきわめて的確に示した優れた刊行物であったと言える。

国連人間環境会議から20年後の1992年には，リオデジャネイロで国連環境開発会議（地球サミット）が開催され，リオ宣言が採択された。リオ宣言の第4原則では，以下の記述がなされた。

"In order to achieve sustainable development, environmental protection shall constitute an integral part of the development process and cannot be considered in isolation from it."

つまり，環境保全と開発を両立させる sustainable development の重要性が改めて明確にされたのである。

46

3.2 環境問題の顕在化と対応

　地球サミットでは，気候変動に関する国際連合枠組み条約の設立が採択され，
1994年に発効した。この条約では，「締約国の共通だが，差異のある責任」原則
に基づいて，先進締約国に対して，温室効果ガス削減のための政策実施の義務が
課せられた。1995年から毎年，締約国会議（COP）が開催されている。1997年
に京都で開催されたCOP3では，温室効果ガス削減目標を定めた京都議定書を
採択し，2005年に発効した。京都議定書は，1990年を基準とした2008～2012
年までの各国別温室効果ガス削減率を定めるとともに，温室効果ガスの削減をよ
り容易にするための京都メカニズム（クリーン開発，排出量取引，共同実施）が
導入された。COP15（2009年）およびCOP16（2010年）では，ポスト京都議定
書として2013年以降の温室効果ガス削減目標についての議論が行われたが，発
展途上国も加わらない目標設定は意味がないとする先進国と，現在の問題は先進
国が引き起こしたとする発展途上国が激しく対立し，合意に至らない状況が続い
てきた。なお，イタリアのラクイラで2009年に開催された第35回G8サミット
では，世界全体の温室効果ガス排出量を2050年までに少なくとも50%削減する
目標を再確認するとともに，先進国全体で2050年までに80%またはそれ以上削
減する目標が支持された。
　一方，1988年には，UNEPと世界気象機関が気候変動に関する政府間パネル
（IPCC）を設立し，これまで5次にわたる評価報告書を刊行している。2014年
に刊行された第5次報告書[3.5)]では，気候変化とその原因について以下のように
記述されている。

　　　Human influence on the climate system is clear, and recent anthropogenic
　　　emissions of green-house gases are the highest in history. Recent climate
　　　changes have had widespread impacts on human and natural systems.

　　　Anthropogenic greenhouse gas emissions have increased since the pre-
　　　industrial era. Their effects are extremely likely to have been the dominant
　　　cause of the observed warming since the mid-20th century.

その上で，気候システムの温暖化は明確であり，1950年以来の観察された変化
の多くはかつてなかったものであるとし，大気と海洋は暖められ，雪と氷の量は
減少し，海面が上昇していると明記した。その原因は，人為的な温暖化ガスが支
配要因である可能性がきわめて高いとした。

47

第3章　サステイナビリティ思想の誕生と現況

　同報告書は，温暖化ガス排出を現在のペースで継続すると，産業革命以前の地表気温より 2.5℃ から最悪 7.8℃ の上昇があり得ると警告している。また，地表気温を今世紀中 2℃ の上昇に抑えるには，2100 年の CO_2 等価排出量を 450 ppm 以下にすべきことを提示し，そのためには，その排出を 2050 年までに 2010 年比で 40 ～ 70％ まで削減する必要があり，2100 年までに排出レベルをゼロ以下にしなければならないと，現状を考えればほぼ絶望的なシナリオを突き付けている。

　同報告書は，分野別（エネルギー供給，輸送，建築物，産業，農業・林業・土地利用，人間居住・インフラ）の温暖化緩和策を示している[3.6]。例えば，建築物に関しては，既存建築物の改修や模範となる新築建物あるいは効率的な設備等，また人間居住・インフラについてはコンパクトな開発やインフラのための革新や効率的な資源利用をあげている。しかし，おそらく IPCC には建設分野の専門家がいないと思われ，具体的内容に乏しい。換言すれば，建設分野はこれらのすべてに関係し，全体に占める温暖化ガス排出量はきわめて大きいが，建設関連産業における CO_2 排出削減の展開は非常に限られていることを意味するとも言える。

3.3　COP21 [3.7]

　2015 年 12 月 11 日，気候変動枠組み条約第 21 回締約国会議（COP21）は，195 か国の参加のもとで，2020 年以降の地球温暖化対策を定めた「パリ協定」を採択した。1997 年に採択された京都議定書は，米国が離脱し，2020 年までの第二約束期間については，日本は削減目標を提示できず，実質的に崩壊している。しかし，京都議定書は，温暖化ガスを削減することを人類として初めて合意したことに意義があった。18 年ぶりの新たな枠組みが，協定書として法的拘束力をもって採択されたことは評価に値する。

　パリ協定では，各国の 2025 年および 2030 年目標総温暖化ガス排出レベルでは 2℃ 抑制シナリオにはならず，2030 年で 550 億トンの排出レベルとなるので，2030 年で 400 億トンレベルとしなければならないとしている。また，2018 年に，1.5℃ 温度上昇の影響に関する特別報告書を IPCC に求めている。現在，世界で約 320 億トン程度の温暖化ガスを排出している。現状を保持できたとしても 10 年で 3 200 億トンとなり，これまでの 5 150 億トン程度の総排出量を考慮すれば，

48

2℃上昇に抑える排出量8 200億トンを超えることになる。

こうした状況で，日本は，COP21で2030年までに2013年比で26％削減することを提示している。2013年度の日本の排出量が約14億トンであるので，削減量は約3.6億トンとなる。中国と米国の排出量はそれぞれ約108億トン（2010年）および約65億トン（2012年）であるので，日本の削減量は焼け石に水の感があるが，先進国で最も省エネの進んでいる国の一つである日本がこうした努力をすることの意味はきわめて大きい。何故なら，地球は運命共同体であり，このままでは最終的に日本も大きな不利益を被ることになるからである。日本が世界に範を垂れる行動をすることによって，世界をリードする実績となり，それが今後世界の中で経済活動をする「手形」になると思われるからである。

2015年における日本の人口は，約12 660万人であるが，2050年および2100年にはそれぞれ9 708万人および8 447万人に減少することが予測されている[3.8]。このようなきびしい状況が予測される中で，CO_2削減技術における突出は，日本が世界の中で生き残るための大きな戦略にもなる。つまり，他国の追随を許さない高度な技術を資源として国際展開を図り，同時に地球環境保全にも貢献する一石二鳥の解となる。

3.4 温暖化ガス削減における建設産業のかかわり

現在の建設産業においてもっとも重要なセメントの原型は，ギリシャ・ローマ時代まで遡るが，近代セメントが発明されてから200年に満たない。コンクリートが建設材料としてその中核を占めるようになったのは，半世紀余り前以降であると言える。しかし，この間，コンクリート技術が著しく発展し，人口の増加と経済発展に伴ってその使用量は急激に増加し，現在，2014年における世界のセメント生産量は，図-3.1に示すように，約43億トンにまで至っている。コンクリート製造におけるセメント単位量から単純計算すれば，コンクリートは340億トンを超える。セメントは，コンクリート以外の用途もあるので，実際にはこれ以下であるが，コンクリートが水に次いで多く用いられていることが理解できる。セメントのクリンカー率および原単位をそれぞれ0.8および0.8 CO_2−トン／トンとすれば，セメント製造においては27.5億トンのCO_2排出となる。

49

建設産業の主要素材として、セメントに加えて鋼がある。世界の粗鋼生産量は、**図-3.2**に示すように、2015年で約16.2億トンである。原単位を1.8 CO_2-トン／トンとすると約29億トンのCO_2が排出されていることになる。このうち、建設分野で6割利用すると仮定すると、17.4億トンとなる。つまり、建設分野におけるセメントと鋼の総CO_2排出量は、約45億トンとなる。現状ではCO_2総排出量

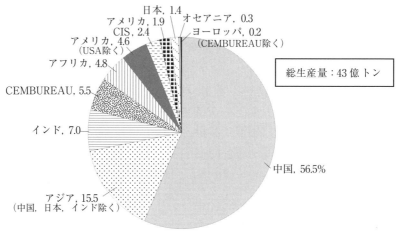

図-3.1 世界のセメント生産量（2014年） [3.9)]

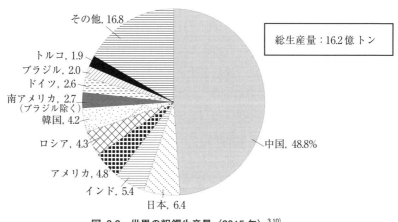

図-3.2 世界の粗鋼生産量（2015年） [3.10)]

320億トンの約14％を占めているに過ぎない。2050年までにセメントと鋼以外の産業全体でCO_2をIPCC目標上限の70％削減できたとすれば，総CO_2排出量は128億トンに減少し，セメントと鋼の製造が同じ方法で行われていれば，その占める割合は，全体の約35％となる。当然，建設行為には，セメントと鋼だけではなく，施工にかかわるその他のCO_2排出もある。また，鋼とセメントの生産量は当面増加することが考えられる。CO_2排出に占める建設分野の割合はきわめて大きくなる。建築物の運用は，おそらくゼロエネルギーが実現している。

図-3.3は，世界のセメント生産量および粗鋼生産量と人口および1人当たり平均GDPの，1960年を100とした場合の増加率を示したものである[3.11)-3.14)]。粗鋼生産量は約5倍，セメント生産量は約12倍となり，その結果，1人当たり平均GDPを約23倍に押し上げている。セメント生産量の伸びが，粗鋼生産量の倍以上となっていることは興味深い。人口がほぼ直線的に伸びているのに対して，社会経済基盤構築の基礎資材としてのセメントの伸びが急激に上昇し，それに伴い1人当たり平均GDPも急増している事実は，コンクリートがGDP増加に大きく寄与していることを示している。

建設分野では，このほかに，資源消費も膨大となり，宿命的な環境破壊もある。したがって，もし建設産業がCO_2削減に注意を向けなければ，将来，資源消費

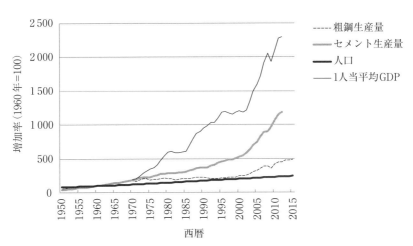

図-3.3 世界の粗鋼生産量，セメント生産量，人口，および1人当たり平均GDPの推移（セメント生産量データ：セメント協会提供）

削減および CO_2 排出抑制に貢献しなかった産業として糾弾されることになる。他産業から取り残された産業には優秀な人材も確保できない。建設産業のサステイナビリティが崩壊し，その結果，社会も崩壊する。建設産業の責任はきわめて重い。

◎参考文献

3.1）　デイビッド・ビアリング（西田佐知子 訳）：植物が出現し，気候を変えた，みすず書房，2015

3.2）　アリス・ロバーツ（野中香方子 訳）：人類20万年 遥かなる旅路，文藝春秋，2013

3.3）　ドネラ H メドウズ 他（大来佐武郎 監訳）：成長の限界—ローマクラブ「人類の危機」レポート，ダイヤモンド社，1972

3.4）　World Commission on Environment and Development：Our Common Future，Oxford University Press，Oxford，1987

3.5）　IPCC：Climate Change 2014，Synthesis report，151pp. 2014

3.6）　IPCC：Climate Change 2014，Mitigation of climate change，1785pp. 2014

3.7）　United Nations and Framework Convention on Climate Change：The Paris Agreement，2015

3.8）　国立社会保障・人口問題研究所：人口統計資料集，2015

3.9）　CEMBUREAU：2014 Activity Report

3.10）　https://www.worldsteel.org/statistics/crude–steel–production.html

3.11）　セメント協会提供データ

3.12）　World Steel Association：Steel Statistical Yearbook

3.13）　UN Department of Economic and Social Affairs，Population Division：World Population Prospects：The 2015 Revision

3.14）　UN ESCAP：The Statistical Yearbook for Asia and Pacific 2014

第4章
コンクリート・建設分野における
サステイナビリティの意味

4.1 概　要

　人類は，その誕生以来，地球という天体に存在するさまざまな資源を用いて生活してきた。人口が少なく，生産活動が小さいと，資源は無限であると見なせた。しかし，地球人口の増加に伴う生産活動の高度化と生活水準の向上は，資源が有限であることを認識せざるを得なくなった。現在，地球人口は70億を超え，世紀末までには90億から100億まで増加することが予測されている。人口大国である中国やインドの現時点における1人当たりのGDPから，今後これらの国が日本と同じ1人当たりGDPまで成長すると仮定すると，中国とインドの現状の経済規模の国がそれぞれ約5か国および21か国新たに生まれることを意味する。もちろん，他に多くの同様な発展途上国がある。このようにとらえると，人類が抱える問題は相当深刻であることがわかる。

　資源使用量の急激な増大は，その量的な問題だけではなく，日本の過去や発展途上国の現状をみれば明らかなように，モノの生産プロセスで環境汚染問題が起こる。こうした問題の集積が地球の環境容量の臨界点を超えないようにするためには，地球環境のマネジメントが今後きわめて重要となる。地球をエコシステムとしてとらえると，これは有機物，無機物および非生物的環境（土壌，水，および大気）の相互作用システムと考えることができる。したがって，地球のマントル移動のような自然現象はともかく，人間の活動によって，こうした複雑なシステムのバランスが大きく崩れ，修復不可能な段階に到達しないようにする必要が

第 4 章　コンクリート・建設分野におけるサステイナビリティの意味

ある。

　人類は，長い時間をかけて分業化を進め，さまざまな産業を構築してきた。あらゆる産業は，基本的に地球資源を利用しているので，環境に何らかの負荷を与えることで成立していると言える。コンクリート・建設分野も例外ではない。コンクリートは，水に次いで多く用いられている物質である。人間の社会経済活動基盤を構築し，快適で豊かな生活を実現するための環境整備は，言うまでもなく地球環境破壊行為である。しかし，これを否定しては，人間の生存が困難となる。

　したがって，人間にとって重要なことは，環境破壊を最小化し，人間の幸福を最大化するための努力をする以外の選択肢はないということである。そうした観点で我々が行うべきは，可能な限り問題の本質を明確にして，問題解決を図るアクションをとることである。問題把握のための基本原則は，地球および人間が持続できることである。つまり，あらゆる活動の根幹に「サステイナビリティ」思想を導入することが求められる。コンクリート・建設分野においても，この産業が地球や人間のサステイナビリティを実現する上でどのような役割を果たすかを明確に認識することが重要である。

　本章では，コンクリート・建設産業におけるサステイナビリティの意味について概観する。一般に，サステイナビリティは，社会的側面，経済的側面，環境的側面に分けて扱われる。しかし，当然ではあるが，これらの間には相互関係があるので，常にそのことを認識した合理的な評価・判断が求められる。

4.2　社会的側面

　人間のあらゆる活動は何らかの社会的な問題を惹起している。また，環境問題や経済問題には，多くの社会的要因をはらんでいる。最も典型的な例は，先進国と発展途上国の間にある経済格差であり，それが政治的対立や緊張関係を引き起こす。貧弱な社会システムは環境問題を惹起させ，それが社会問題化する。発展途上国は，経済成長を至上命題としてインフラ整備を積極的に行うこととなる。インフラ整備は，経済発展の基盤をつくるが，当然のことながら同時に経済発展による環境負荷を著しく増大させる。しかし，こうした外部不経済をコスト化することが行われていないと言える。

54

4.2 社会的側面

　人類の究極の目標は，世界が平和で，富が適正に配分され，豊かな地球環境を享受することであると思われる。こうした状況の実現のためには，サステイナビリティを実現する3要素を総合的に考えていく必要があるが，とりわけ社会的側面は判断の基礎となることから，それらを適切に把握しておく必要がある。

　インフラや建築物の社会的価値は多様であるが，およそ以下のような要素の実現度によりその価値が評価されると思われる。

① 安全・安心
② 使用性
③ 生活・仕事の場としての質
④ 美観・景観
⑤ 効率的土地利用
⑥ 文化財保護
⑦ 危険物質からの自然保護
⑧ 雇用機会

　例えば，コンクリートの多様な特性は，社会のニーズに合った多様なコンクリート構造物の提供を可能にする。コンクリートの耐久性の低下による構造物の利用制限は，社会的な影響が大きい。したがって，コンクリート構造物の設計では，耐久性上の問題がその供用期間中に発生しないことを基本にすべきである。鋼構造物も基本的に同じである。

　耐震性の低い構造物は，地震による被害を大きくする。人命の損失は最も重大な負の社会的影響である。日本は地震国として耐震設計の先進国ではあるが，東日本大震災規模の被害を生じさせるような地震は想定されていなかったし，最近問題になっている長周期地震動のように，我々が把握しきれていない問題が潜在的にあることを前提に，安全性の余裕度を適切に考えていくことが必要である。

　構造物の美観や景観も，周辺環境との関係で社会的な影響が大きい。景観設計を合理的に行うことが重要である [例えば 4.1]。構造物の建設では，土地利用によりエコシステムを破壊するが，土地利用を最小化するさまざまな工夫も可能である。一方で，堅牢なコンクリートあるいはコンクリート構造物が，安定した経済活動を可能にし，文化遺産を護り，危険物質の拡散から自然を護る機能も有している。各種構造物は，文化的な活動の場も提供する。

55

第4章　コンクリート・建設分野におけるサステイナビリティの意味

　コンクリートや鋼を主要な建設材料として用いる建設産業は非常に大きな産業であり，多くの雇用を支えている。インフラ整備には，古くから社会経済活動基盤の構築と雇用の2つの効果が認識されている。

　このように，コンクリート・建設産業は，効率的な社会・経済活動を機能させる環境を構築することから，その社会的役割はきわめて大きい。コンクリートや鋼はそのための重要な材料である。しかし，この産業は，一方で突出して多くの資源とエネルギーを必要とすることから，環境負荷も大きい。

4.3　経済的側面

　環境問題は，人間の生活を便利で豊かにするための工業生産やさまざまなサービス提供，ならびにインフラ整備や建築物建設に起因している。つまり，多くの資源とエネルギーを用いる経済活動がその根源にある。現代社会では，経済成長を前提とした生産活動を行っているため，資源・エネルギー消費は右肩上がりを想定し，それが停滞すると不況と認識する。先進諸国では，すでに基本的なモノは充足し，その更新が経済を支えることとなる。しかし，発展途上国では，モノも十分でないために生産活動が活発となり，急激な経済成長を維持することとなる。先進国は，発展途上国を重要なマーケットとして輸出や現地生産を展開する。したがって，開発途上国の経済に異変が起こると，世界経済はたちまち混乱に陥りやすい。こうした複雑な経済メカニズムで世界の生産活動が行われていると言える。

　こうした経済活動を可能にするのが，広義の意味におけるインフラの整備である。インフラ整備が，建設産業の仕事である。具体的には，建築物，道路，鉄道，港湾，空港，ダム等を建設し，社会経済活動を活発化させる。建築物は，製品生産や経済・社会活動の管理，あるいは労働者の住居等に必要である。道路は，現代社会の最も重要な，モノ輸送や人間の移動手段の基盤である。鉄道は，多くの旅客を効率的に移動させる省エネシステムであると言えよう。港湾は，資源や製品をマスで輸送するためにはきわめて重要であるし，旅客船の就航の基地として利用される。空港は，空路で人や貨物を輸送するための航空機の離発着施設として，その重要性が増している。現在世界の主要な空港の数は3000を超えている。

56

世界の民間旅客機の数は現在約2万機であり，20年後には3万7000機を超えると予測されている[4.2]。

しばしば環境破壊の象徴として語られるダムは，水の供給，洪水調節，発電とその機能は多様である。ダムによる発電は，CO_2をほとんど発生させない。ノルウェーは100%水力発電であり，ブラジルは約7割が水力発電である。日本には，約2800以上のダムがあるが，ダムによる発電量の割合は8%程度とされる。

このように，人間の経済活動には建設産業の役割がきわめて大きいと結論できるが，インフラ整備自体に膨大な資源とエネルギーが用いられていることから，そのコストも膨大なものとなる。したがって，これらのインフラを構築する場合，建設投資を最小化するために，必要な機能および性能を確保した上で，その経済性にも配慮することが重要となる。しかし，一般にインフラは公共性が高いために，経済性を過度に追求すると安全性に対するリスクを高めることになるので注意を要する。安全性の余裕度はコストと直結するが，技術革新でこうした問題を解決することが重要である。

また，インフラは，ライフサイクルでの経済効果を考える必要がある。極論すれば，インフラの供用期間中の重大な補修や補強は行わないことを原則とすべきである。そのためには，初期コストを増加させることによるライフサイクルコストの低減が1つの選択肢となりうる。ところが，これまでは初期コストが最も重要な側面と考えられてきたので，そうしたことを実施しうる設計体系が構築されてこなかった。その結果，一定期間を過ぎると，あるいは想定以上の作用があると，インフラの性能にさまざまな問題が発生し，その解消に膨大なコスト負担を強いられているのが現状である。長い期間にわたって構築された技術・システム体系を再構築することは容易ではないが，これまで蓄積されてきた膨大なインフラの適切な管理や今後予測されている膨大なインフラ建設を，限られた資源および環境の中で行うためには，サステイナビリティ思想に基づく新しい技術・システム体系の構築を図っていく必要があることは明らかである。そのことが，結局コストの最小化を図ることに繋がる。

4.4 環境的側面

環境問題は，以下のような空間的スケールを考慮して把握するとわかりやすい。

- 地球環境
- 地域環境
- 局所的環境
- 住環境

地球環境問題には，生物多様性，地球温暖化，オゾン層破壊，資源枯渇等がある。生物多様性や資源枯渇は，現象としては局所的に発生するが，生物多様性は地球システムに直接関係するし，今日では資源は地球規模で移動し利用されているので，地球レベルでの環境問題として扱うのが妥当である。

コンクリート・建設分野ではこれらの何れにも関係する。建設材料のための資源採掘や建設行為自体が自然破壊に直結し，生物の生息環境に大きな影響を与える。セメントや鋼の製造には多くの CO_2 を発生させるとともに，施工のような建設行為自体にも多くの化石燃料や，化石燃料によって発電された電力を使う。これらは地球温暖化に影響を与える。

地球の大気中のオゾン層は，太陽からの有害な紫外線を吸収し，地上の生態系を保護する役割を果たしているとされる。しかし，フロンなどの塩素系化学物質がオゾンを破壊することが発見された。建設分野では，発泡ウレタン断熱材や空調設備にフロンが用いられてきた。モントリオール議定書の採択以降規制が強化され，現在はフロン代替品が用いられているが，既存の建築物では問題を抱えたまま使用されている。これらの解体時に適切な処理が必須となる。

発展途上国における資源消費量の急激な増加は，膨大な資源採掘を意味する。このことは，単に地球規模での資源枯渇問題を惹起させるだけではなく，自然環境の破壊に繋がり，最終的には地球システムに影響する。資源が枯渇してくれば，当然その価格が上昇し，経済的な問題に繋がることは言うまでもない。逆に，資源効率を上げれば，価格が低下し，かつ資源の保存となる。建設分野における資源消費は，「経済発展」の程度と，生活環境の向上ニーズにより変動があるが，地球人口の8割以上が発展途上国と考えれば，確実に増加することは間違いない。

4.4 環境的側面

また，先進国においても，より高度な社会経済基盤の構築のために一定規模の資源消費が継続的になされる。

地域環境は，国あるいはより広い地域環境と定義する。この環境レベルでは，酸性雨，空気汚染，水汚染等の問題が発生する。さまざまな製品の製造には，原料と燃料・エネルギーを使用する。これらの多くには天然に存在する有害物質が含まれ，また製品の製造過程で有害物質が生成される場合がある。これらの物質を適切に回収することが重要であるが，そのための技術あるいはコストが障害となり，必ずしも適切な処理が行われずに排出されている場合がある。特に，発展途上国ではこうした問題が起こりやすい。その結果，かなり広い範囲にわたって，あるいは国境を超えて酸性雨，空気汚染，水汚染が起こる。つまり，自らはそうした問題を発生させていなくても，他国あるいは地域における生産活動による負の影響を受けることになる。コンクリート・建設分野では，鉄やセメント製造，あるいは用いるエネルギー源である火力発電に伴う汚染が，こうした問題に関係する。特に，発展途上国では火力発電の割合が高いため，この影響が大きいと考えられる。また，発展途上国の都市インフラが貧弱なことによる交通渋滞も，空気汚染が蔓延し，これらが隣国にまで影響を及ぼす。こうした環境は，人々の健康を害し，それに伴うコストも増大する。インフラ・建築物建設による粉じん発生がこれに加わり，問題を深刻化させる。

局所的環境は，都市や一定地域環境と定義する。この環境レベルでは，土壌汚染，廃棄物排出，土地利用，ヒートアイランド，騒音，振動，粉じん等の問題が発生する。これらの問題は，人間の日常の活動範囲で見られる。コンクリート・建設分野では，コンクリート利用に伴う土壌汚染や廃棄物排出が起こる。また，建設では土地利用が必須である。土地利用は，自然環境を改変することになり，生物の生息環境に影響を与える。コンクリートで構築された都市はヒートアイランド問題を起こすことはよく知られている。さらには，建設現場では，比較的広い範囲で騒音，振動および粉じんの発生があり，近隣に影響を与える。また，構造物の解体は，多くの廃棄物を発生させ，廃棄やリサイクルのための処理にも，地域環境や地球環境レベルでの環境負荷を生じさせる。

住環境は，生活・労働環境とその周辺と定義する。生活・労働環境としての建築物では，VOC（揮発性有機化合物），菌類，放射能による室内汚染が発生する。

第4章　コンクリート・建設分野におけるサステイナビリティの意味

建築物の建設は，その周辺の自然環境を破壊する。しかし，これらは，植生によって一部回復が可能である。高層建築物はビル風を発生させる。また，風通しを悪くし，夏期に山や海からの涼しい風が得られず，都市の温度上昇を惹起する。インフラや建築物の建設は，周辺景観との調和を損なう可能性もある。一方，建築物に用いられるコンクリートには，蓄熱効果で建物の運用に必要なエネルギーを削減するプラスの影響も期待できる。さらに，高層建築物は土地利用の低減効果もある。

このように，コンクリート・建設分野における活動およびインフラ・建築物の利用は，地球レベルから住環境レベルまでさまざまな影響を与える。地球や人間活動のサステイナビリティを確保するためには，コンクリート・建設分野は，環境負荷を小さくし，環境便益を大きくすることを考えた関連システムの構築を図ることが求められる。これまで，こうしたことは理念的には認識されており，環境汚染等については法的な規制が整備されている。しかし，全体として見れば，環境影響を定量的に評価して必要な対応をするシステムは不十分と言わざるを得ない。

地球や地域社会のサステイナビリティのためには，人間が大きく依存している自然の価値を従来よりも高位の位置付けにしてその保全や修復を行うことを基本原則として，インフラ・建築物の建設における資源・エネルギー消費の最小化とその機能の最大化を図ることが今後ますます重要となる。自然に最も大きな影響を与えるコンクリート・建設分野は，そのための技術やシステムを開発・普及していく責務がある。

4.5　サステイナビリティ要素の相互関係

図-4.1 は，日本と世界の建設投資の推移を示す。日本は半世紀以上にわたって，2 500 兆円を超える建設投資を行ってきた。建設投資は，その経済に対する影響範囲が広く，マクロ経済における乗数効果が大きいとされるが，成熟した社会ではその効果が低減する。一方，当然であるが，建設されたインフラは，それらを用いた経済活動により膨大な利益を生み出す。つまり，建設投資により自然資本を利用して社会基盤整備を行うこと自体が経済を刺激し，かつ社会基盤を基に構

60

4.5 サステイナビリティ要素の相互関係

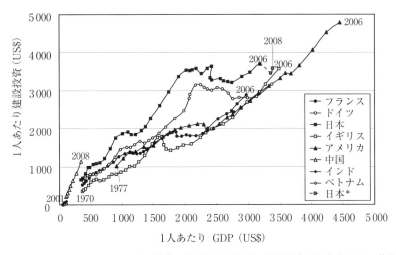

* 日本における2007，2008年の数値は建設経済研究所の建設投資額を参考にして算出
** 中国/インド/ベトナム：IMF（2001-2008），アメリカ：OECD（1977-2006），その他：OECD（1970-2006）

図-4.1 日本と世界の建設投資額の推移

築されたシステムを利用することによりさらに経済活動を活発化させる。先進国も発展途上国も，こうしたメカニズムを最大限利用して「景気」をよくしようと考えている。

　一方，経済と環境には非常にデリケートな関係がある。経済発展は，資源・エネルギーの消費増大を意味し，その結果環境が破壊される。こうした外部不経済については，妥当な扱いができていないのが現状である。この二律背反性をサステイナビリティの概念でどう解消できるかが，今世紀，人類に課せられた最大の課題であるとも言える。

　そのための基本原則は，資源消費の観点から"最小資源で最大生産（producing more with less）"を実現することである。その際，利用した資源は繰り返し用い，新たな資源の採掘を可能な限り抑えることもきわめて重要となる。究極的には，資源の観点から，地球の人口を適正な範囲に抑制することも必要かもしれない。これまでの状況から，貧困の解消がそのカギとなる。一方，エネルギーについては，その使用効率を上げることが求められ続ける。

　こうした問題解決にコンクリート・建設分野が貢献するためのいくつかの切り

口がある。まず，建設に用いる材料のドラスティックな環境負荷低減を技術革新によって実現することである。技術開発では，材料のサステイナビリティ評価により，資源・エネルギー消費を少なくして性能を高める方向を徹底して追求することが重要となる。

　今後，新たな社会システム構築のためにインフラの質の向上を図ることも要求される。つまり，社会経済活動における環境負荷とコストを最小化する社会システムを可能にするインフラ整備の実現である。これは，必ずしも現代の車社会からの脱却を意味しない。人間の移動とモノの輸送における環境負荷とコストを著しく低減できる社会システムの構築が重要である。

　さらに，建設分野の主要材料の一つであるコンクリートの完全循環を可能にすることも，バージン資源の利用低減を図る上できわめて重要である。現状では，コンクリート塊のコンクリート用骨材としてのリサイクルは，不十分なリサイクル製造技術により一般にその品質は低く，高品質なものを製造するためにはコストが増大し，かつ利用しづらい微粉の発生を招くことになる。しかし，コンクリート塊の廃棄による環境負荷が大きくなる場合や，利用推進のためにシステムとして，コストが高くなっても利用しなければならない状況もある。リサイクルを容易にするためには，資源は，その利用後も資源であるとの認識で技術開発を行うことも必要である。なお，鋼はすでにほぼ100％リサイクルが実現していると言える。この場合，バージン材生産に比べてコストも CO_2 排出も低減される。

　産業副産物を建設資材として利用することは，資源保存に貢献するとともに，コストを低減することもできるはずである。ところが，産業副産物の利用が進むと，一定の資源利用の中で既存の産業が縮小を余儀なくされる場合がある。特に，コストは需要と供給との関係で決まることが多いので，産業界の綱引きで資源問題を置き去りにしてしまうリスクがある。したがって，ビジネスでウイン・ウインの関係を構築し，資源の適正な利用を図るシステムが必要である。そうしたことを可能にするには従来の商習慣にとらわれない知恵が必要となろう。

　コンクリート・建設分野における経済的側面に関する問題は，環境負荷や安全性問題と密接にリンクしており，非常に複雑であるが，さまざまな影響要因を踏まえてそれらの間のバランスを考えなければならない。地球や地域社会のサステイナビリティのためには，必ずしもインフラや建築物の建設時のコストが低いこ

とが絶対条件ではない。ライフサイクルや外部不経済をも考えた適正なコストが求められるべきである。また，そうしたことが実現するための法的な措置も必要となる。

　以上のように，地球や地域社会の持続可能性を確保するうえで，コンクリート・建設産業は重要な役割を果たすことになるが，これまで，上述したような建設行為にかかわるさまざまな問題の本質をとらえた総合的な技術およびシステム体系を構築してきたとは言い難い。人類は地球という宇宙船に乗っているが，宇宙船内部の動きを制御できない。つまり，今後どれほど大きな地震が発生するかもわからない。我々が有する構造物設計法に基づく安全性に100％の保証はない。要は，他の重要な因子である，コストや環境負荷をも踏まえて，安全性にどれほどの余裕度を持たせるかが重要な課題となる。コンクリート・建設産業は，そうしたことが明示的に組み込まれた新たな設計枠組みを創りださなければいけない所にまで至っていることを認識すべきである。コンクリート・建設産業が，地球や地域社会のサステイナビリティの要となる。

◎参考文献

4.1)　堺孝司・堀繁：景観統合設計，技報堂出版，1998

4.2)　http://www.jadc.jp/files/topics/98_ext_01_0.pdf

第5章
コンクリートサステイナビリティに関する既往の展開

5.1 土木学会

　土木学会は,「コンクリート構造物の環境性能照査指針 (試案)」[5.1] を 2005 年に発刊した。この指針は, 土木学会コンクリート標準示方書の体系である性能照査型規定を「環境」にも拡張適用することを意図し, コンクリート構造物に関する「環境性能」の概念を導入し, かつその性能の「照査」を行う体系を世界で初めて示したものである。

　コンクリート構造物の環境性能の照査体系を機能させるために, 同指針では, 建設分野における環境側面への取り組みの現状と関連法規類を概観するとともに, コンクリート関連材料の環境負荷の現状が整理されている。さらに, ケーススタディとして, ダム, RC ラーメン高架橋, PC 橋上部工, 道路橋脚の建設における大気排出物量の評価を行っている。ダムでは, 材料・配合および施工方式の影響を検討している。また, 橋については, 構造形式の大気排出物量に及ぼす影響が算定され, 環境負荷低減がどのように実現し得るかの方策が具体的に示されている。

　同指針で示された考え方は, 後述するように, その後の国外の国際学会刊行物や ISO の規格などに反映されてきた。

　土木学会は, 2007 年に制定されたコンクリート標準示方書[5.2] の要求性能に関する検討として, 耐久性, 安全性, 使用性, および復旧性を示している。環境については, その他の要求性能として位置付けられ, 環境性能に関する照査につい

ては上記指針を参照するように規定された。

2012年に制定されたコンクリート標準示方書［設計編］[5.3)] では，初めて「環境性」を用語として導入し，要求性能を必要に応じて設定することを明確にしている。このことは，環境性能を想定していることを意味するが，同［基本原則編］[5.4)] では「環境性の配慮」に後退し，上記指針の参照を排除している。その改訂資料[5.5)] では，「地球温暖化などの問題は，極論すれば，人類を含む全動植物の合意形成が必要であり，人類に限ったとしても，異なる産業，異なる国家，などの集合体で合意された目標値の設定が無ければ，個別産業において，客観的で合理的な限界値（目標値）の設定は不可能に近いと思われる。現実的な対応は，経済性と同じく，過去の平均的な環境性に比べて，可能な限り環境負荷を低減し，環境便益を高めることだと思われる。」と記述されている。しかし，上記指針は，必要に応じて環境関連項目について要求性能を設定して，要求性能を満足するようにさまざまな工夫をすることを求めているに過ぎない。そもそも，「平均的な環境性に比べて可能な限り環境負荷を低減する」には，平均的な環境性を定量的に把握し，そのうえで然るべき目標を設定しなければ何もできないことは明らかである。

改訂資料の記述内容は，環境問題の本質をまだ十分に理解していないと言わざるを得ない。このことは，コンクリート技術者が，力学や耐久性の評価は得意であるが，地球の存続にかかわるようなことについては関心を巡らすところには至っていないことを意味する。コンクリート・建設関連分野が地球上でもっとも多く，資源・エネルギーを消費し，土地改変を行っている産業であることが理解できていない。

このように，現在は，自分たちが行っていることの本質を理解せずコンクリート・建設技術に従事している研究者・技術者が少なくない状況にあるが，今後その考えを変えなければならないだろう。なお，日本で開発された「環境性能」とその「照査」の概念については，後述する *fib* や ISO にも波及している。

なお，土木学会100周年記念で発刊された書籍「日本が世界に誇るコンクリート技術」[5.6)] の中では，上記指針はコンクリートの環境側面を性能としてとらえた性能照査型設計法として紹介されている。

5.2 日本建築学会

日本建築学会は，「鉄筋コンクリート造建築物の環境配慮施工指針（案）・同解説」[5.7] を 2008 年に発刊した。本指針（案）は，現場施工を中心とした鉄筋コンクリート工事にかかわる環境配慮事項を示すことを意図したものであり，環境配慮を，省資源型の環境配慮，省エネルギー型の環境配慮，環境負荷物質低減型の環境配慮，および長寿命型の環境配慮の 4 つに分類している。

省資源型の環境配慮については，「部材および構造体の原材料に占める再生材料の割合を多くし，かつ再利用可能な材料の割合を多くする」こと等があげられている。省エネルギー型の環境配慮では，「原材料の採取から材料の加工・製造の段階において，エネルギー消費が少ない材料を選定する」こと等が示されている。環境負荷物質低減型の環境配慮では，「資源の採掘から材料の製造の段階で発生する CO_2 等の環境負荷物質の少ない資材を選定する」こと等を想定しており，長寿命型の環境配慮では「設計段階で長寿命型の仕様を定める」こと等があげられている。

これらの基本的な考え方に従って，部材および構造体の設計，コンクリート材料の選定，コンクリートの調合，コンクリートの発注・製造・受け入れ，コンクリート工事，鉄筋および鉄筋工事，および型枠および型枠工事についてより具体的な環境配慮の方法を示している。

同指針（案）は，環境性能のような定量的な扱いを行っていないが，環境配慮として考慮すべき具体的な事項を明確にしており，コンクリート技術者にとって有益な情報を提示している。

日本建築学会は，「建築工事標準仕様書・同解説 JASS 5 鉄筋コンクリート工事」[5.8] を 2015 年に改定した。改定では，総則で「工事にあたっては，省資源型，省エネルギー型，環境負荷物質低減型の環境配慮を行う。」として，環境配慮が初めて明示的に示された。

第5章 コンクリートサステイナビリティに関する既往の展開

5.3 日本コンクリート工学会

　日本コンクリート工学会（2010 年までは，日本コンクリート工学協会）では，2005 年以降，コンクリートに関連した環境・サステイナビリティ問題を包括的に取り扱う委員会を設置し，各種の検討が行われてきた。

　2005 年には，「コンクリート構造物の設計・施工等における環境負荷低減技術の開発と一般化に関する研究委員会（FS 委員会）」を設置し，その後委員会名を変更して 2006 ～ 2007 年に，「コンクリート構造物の環境性能に関する研究委員会」[5.9)] として活動した。この委員会では，コンクリートにかかわる環境性能向上技術の研究・開発の現状調査，コンクリート構造物の建設・解体等による環境負荷最小化のための最適化問題の検討等を実施し，コンクリート構造物にかかわる効果的な環境負荷低減施策の提言を行っている。

　2008 ～ 2009 年には，「コンクリートセクターにおける地球温暖化物質・廃棄物の最小化に関する研究委員会」[5.10)] の活動が行われた。この委員会活動では，コンクリートにかかわるマテリアルフロー，コンクリートセクターにかかわるインベントリ，低炭素・資源循環を可能とする技術の組み合わせ（ポートフォリオ）と求められる社会システムについて検討している。また，コンクリートセクターにおける低炭素・資源循環のための提言を行っている。

　2010 年には「サステイナビリティ委員会」[5.11)] が創設され，現在に至っている。同委員会では，コンクリート分野の環境に関する認証や資格制度の検討も行っている。

　一方，2012 年には，コンクリート関連 7 団体が，「コンクリートサステイナビリティ宣言」[5.12)] を行った。宣言は，以下の 8 項目である。

① 社会のサステイナビリティを実現するために，安全なコンクリート構造物の実現を図る。

② コンクリート関連セクターにおける資源消費と CO_2 排出の低減に向けた努力を続ける。

③ コンクリート関連セクターとして，資源循環に大きく貢献する。

④ コンクリートに関連する資源採取や構造物の建設において生物環境や地域

環境の保全・向上に努力する。

⑤ コンクリートに関連するステークホルダーとの建設的なコミュニケーションにより，良質な社会基盤整備を図る。

⑥ 社会基盤施設の長寿命化に今後必要な技術およびシステムの開発を行い，その利用に向けた提案を積極的に行う。

⑦ サステイナブル技術の積極的な国際展開により，環境問題解決に向けた貢献をする。

⑧ 社会の持続可能な発展を支えるために，コンクリート関連セクターにかかわる人材の育成と技術の継承を図る。

これらの宣言をフォローアップするために，「コンクリートサステイナビリティフォーラム」が設置され，シンポジウム等の活動を行っている。なお，現在フォーラムのメンバーは10団体である。

5.4 アメリカコンクリート学会（ACI）

ACIでは，Committee 130（Sustainability of concrete）においてコンクリートのサステイナビリティに関するガイドライン「130R − Guide to concrete sustainability」の発刊に向けた最終段階にある。このガイドラインでは，サステイナビリティにかかわるコンクリートの優位性を示すことに注力されている。

また，ACIでは，130委員会のガイドラインを教育やACI資格制度に活用しようとしている。具体的にはConcrete Construction Sustainability Assessor資格制度の創設である。

さらに，ACI秋季大会では，2008年以来Concrete Sustainability Forumが毎年開催され，コンクリートのサステイナビリティに関する情報発信と意見交換が行われている[5.13]-[5.20]。このフォーラムがスタートした当初は，コンクリートのサステイナビリティとして何をどう扱っていくかがテーマとなったが，最近では，具体的な技術およびシステム等が紹介されており，コンクリートおよび建設分野の活動にサステイナビリティを組み込むことの重要性と方向性が明確になってきている。ちなみに，最近のフォーラムでの発表のキーワードは，ローカーボン・マイナスカーボンコンクリート，革新的セメント，コンクリートにおけるCO_2

第 5 章　コンクリートサステイナビリティに関する既往の展開

利用および養生，PCR および EPD，サステイナブル・レジリエンス評価ツールおよびシステム，ACI130 委員会における議論の進展，ACI ビルディングコード，*fib* モデルコード 2010，FHWA サステイナブル舗装，レジリエント建築物およびコミュニティ等である。

5.5　構造コンクリート国際連合
(*fib*：International Federation for Structural Concrete)

fib では，1998 年の創設以来，Commission 3（Environmental aspects of design and construction）が，技術レポートやガイドラインを委員会活動成果として刊行している[5.21)-5.27)]。環境設計[5.24),5.25)]は，土木学会の「コンクリート構造物の環境性能照査指針（試案）」をベースにしている。「グリーンコンクリート構造物ガイドライン」[5.26)]では，環境的にサステイナブルなコンクリート構造物を，構造物の使用を含む全ライフサイクルでの総環境負荷が最小化されるように建設される構造物と定義している。環境パラメータで考慮すべきものとして，天然資源，エネルギー消費 / 温暖化影響，環境影響（炭化水素，重金属，化学物質），および健康・安全をあげている。このガイドラインでは，さらには，CO_2 吸収効果についても議論されている。「コンクリート構造物のライフサイクル統合評価」[5.27)]では，材料，構成部材，構造物レベルで，環境基準，経済基準，技術の質，社会的側面について，そのライフステージ（原料採掘と生産，設計・最適化，製造，建設，運用，メンテナンス・補修，改修・改築，解体，リサイクル）で 3 次元的に扱う基本フレームを提示している。

　なお，*fib* では 2015 年から Commission の再編が行われ，Commission 3 と SAG 8（*fib* sustainability initiative）を統合して，新たに Commission 7（Sustainability）が設置され，環境だけでなくサステイナビリティとしてより包括的な視点で活動を行うことになった。

5.6　米国レディーミクストコンクリート協会（NRMCA）

米国の NRMCA では，コンクリートの環境側面に関する知識を有する者やコ

ンクリートの環境側面に関するプログラム履修者に対し，そのレベルに応じて
Certified Sustainability Professional や Environmental Professional Certification for
the Ready Mixed Concrete Industry などの資格者制度を設けている[5.28]。アメリ
カでは，環境に配慮した建物に与えられる認証システムとして LEED が広く普
及してきているが，この LEED に関する知識を有することを証明する資格とし
て LEED Professional Credentials（LEED Green Associate）があり，NRMCA の
資格は，この LEED の資格取得の一助となることも意図している。

レディーミクストコンクリートの協会が，こうした活動を先進的に行っている
ことは高く評価される。人間の生産活動には必ず環境負荷が発生する。重要なこ
とは，そうしたことを明確に認識して環境負荷低減に取り組むことである。そう
した姿勢がこの産業が社会的に評価されるベースとなる。

5.7 アジアコンクリート連合・サステイナビリティフォーラム（ACF-SF）

ACF は 2010 年にコンクリートの環境宣言[5.29] を行い，その際設置されたサス
テイナビリティフォーラムにおいてアジア各国のコンクリート・建設産業の現状
についての情報を整理し，2014 年に報告書[5.30] を取りまとめた。

今後，世界の資源・エネルギー消費の多くが，アジア地域でなされることから，
アジアのコンクリート・建設産業は，サステイナビリティの視点で地域開発を行
わなければならない。つまり，アジア地域は，先進地域も含めた地球の運命共同
体であることを認識した，先進国と発展途上国の連携が必須であり，そうした意
味で ACF-SF の活動がきわめて重要となる。

5.8 国際標準化機構（ISO）

ISO では，2007 年に，TC71 の下に SC8（Environmental management for con-
crete and concrete structures）が設置され，2012 年に ISO 13315-1「Environmental
management for concrete and concrete structures － Part 1：General principles（一
般原則）」[5.31] が，また，2014 年には ISO 13315-2「Environmental management

for concrete and concrete structures － Part 2：System boundary and inventory data（システム境界とインベントリデータ）」[5.32] が発刊された。現在，これらの規格を JIS 規格とすべく作業が進められている。また，ISO 13315–4「Environmental design of concrete structures（コンクリート構造物の環境設計）」および ISO 13315–8「Label and declaration（ラベルおよび宣言）」も規格策定作業に入っている。これら以外で規格策定が予定されているものは以下のとおりである。

ISO 13315–3（Constituents and concrete production）

ISO 13315–5（Execution of concrete structures）

ISO 13315–6（Use of concrete structures）

ISO 13315–7（End of life phase including of recycling concrete structures）

ISO/TC59/SC17（Sustainability in buildings and civil engineering works）は土木・建築のサステイナビリティに関する ISO 規格策定を行っている。詳細は省くが，サステイナビリティの評価にかかわる規格を開発している。その多くは枠組みの整理の段階であるが，今後より具体的な規格開発段階に入っていくものと思われる。

環境あるいはサステイナビリティに関する ISO 規格は，共通のルールによりコンクリート・建設産業の活動による環境影響を評価することを可能にし，その結果，環境負荷を低減し，環境便益を増大させる技術・システムの革新をもたらす基礎となる。現状では，これらの規格がコンクリート・建設産業に広く普及しているとは言い難いが，今後普及が必須となることは明らかである。

なお，ISO 規格についての詳細は後述する。

5.9　その他

2013 年に，日本コンクリート工学会（JCI）は，初めての本格的な国際会議「International Conference on Concrete Sustainability（ICCS 13）」を開催し，160 編余りの論文が発表され，その中から選ばれた論文は，JCI の学術雑誌 ACT や ELSEVIER の雑誌（Construction and Building Materials）の特集号[5.33] で発刊された。なお，この国際会議の 2 回目となる ICCS 16 は，2016 年 6 月にスペインのマドリードで開催された。

さらに，2013 年には「The Sustainable Use of Concrete」[5.34] が出版された。この書籍は土木学会出版文化賞を受賞している。この他にも，「Sustainability of Concrete」[5.35]，「Sustainable Concrete Solutions」[5.36]，「Concrete and Sustainability」[5.37] 等のコンクリートのサステイナビリティに関する書籍が出版されている。

また，ACI では，コンクリートに関するサステイナビリティを推進するために 2010 年に ACI Concrete Sustainability 賞を創設し，2014 年には堺がこの賞を受賞している。

一方，国内では，建築物の環境に関するさまざまな側面を客観的に評価する手法として，CASBEE[5.38] を利用するケースが増えており，この認証を実施する評価員登録制度が設けられている。ただし，CASBEE は建築物の環境側面を総合的に評価する手法であり，コンクリートに対して行われる評価は非常に限定的で，コンクリートの環境側面を十分に認識した評価システムであるとは言えない。CASBEE の詳細については後述する。

また，「都市の低炭素化の促進に関する法律」（略称「エコまち法」）における低炭素建築物の認定基準では，低炭素化に資する措置として 8 項目が挙げられているが，その中で建築材料に関連しては高炉セメントまたはフライアッシュセメントの使用が明示されており，今後，建築物建設における低炭素化展開が期待される。建築物は，これまで躯体コンクリートに使用されるセメントは普通ポルトランドセメントに限られてきており，建築物で用いられるコンクリートの 4 割程度が基礎部分となっている状況を考慮すれば，こうした法律はローカーボン建築物を推進する上で有効である。日本建設業連合会では，低炭素型コンクリートの普及促進を図り始めている[5.39]。ただ，ローカーボンコンクリートは多様であり，これまで積み上げてきた技術・システムがそれらの積極的利用の障害にもなっている。

これらのことは，現状において，コンクリートの環境側面あるいはサステイナビリティが社会的に適切に理解されていないことを示すものであり，これらの理解についての普及・啓蒙活動と，現在有する技術・システム体系の再構築を図る必要がある。こうした現状は，日本だけではなく，世界共通の課題であると言える。ただ，先進国の中だけで見れば，日本のコンクリート・建設産業におけるサステイナビリティに関する認識は，世界の後塵を拝していると言えるだろう。世

界を席巻する日本の家電製品や車などの産業が，環境をビジネスの根幹に置いて
展開している状況と比べれば，それは明らかである。

　最近，日本はインフラ輸出を国の基本戦略とすることを鮮明にしている。イン
フラ輸出競争は激しさを増してきており，「仁義なき戦い」が繰り広げられてい
る。日本がインフラ輸出をする際，他国との差異を明確にすべきであるが，その
根幹をサステイナビリティ思考に置くべきである。発展途上国は，国の経済発展
を最優先にすることから，建設コストを最小化して量を稼ぎがちとなる。しかし，
これは，地球のサステイナビリティの観点からすれば，低品質のインフラ建設に
繋がり，結局早い時期に資源・エネルギーを無駄にすることになる。建設分野で
本格的にサステイナビリティ評価がなされていない現状ではやむを得ない状況に
あるが，一刻も早くサステイナビリティに関する多軸評価手法を確立して，拙速
な資源・エネルギーの浪費を抑制すべきである。

◎参考文献

5.1)　土木学会：コンクリート構造物の環境性能照査指針（試案），コンクリートライブラリー125，
　　　2005
5.2)　土木学会：コンクリート標準示方書［設計編］，2007
5.3)　土木学会：コンクリート標準示方書［設計編］，2012
5.4)　土木学会：コンクリート標準示方書［基本原則編］，2012
5.5)　土木学会：2012年制定コンクリート標準示方書改訂資料，基本原則編・設計編・施工編，コン
　　　クリートライブラリー138，2012
5.6)　土木学会：日本が世界に誇るコンクリート技術（JAPAN'S CONCRETE TECHNOLOGY），2014
5.7)　日本建築学会：鉄筋コンクリート造建築物の環境配慮施工指針（案）・同解説，2008
5.8)　日本建築学会：建築工事標準仕様書・同解説 JASS 5 鉄筋コンクリート工事，2015
5.9)　日本コンクリート工学協会：コンクリート構造物に関する環境性能に関する研究委員会報告書，
　　　1996
5.10)　日本コンクリート工学協会：コンクリートセクターにおける地球温暖化物質・廃棄物の最小化
　　　に関する研究委員会報告書，2010
5.11)　堺孝司・野口貴文・河合研至：コンクリート・建設分野のサステイナビリティ展開，サステイ
　　　ナビリティ委員会報告，コンクリート工学，Vol.52，No.10，2014
5.12)　日本コンクリート工学会：コンクリートサステイナビリティフォーラム報告書，サステイナビ
　　　リティ委員会，2014
5.13)　Sakai,K., and Sordyl,D.："ACI St. Louis Workshop on Sustainability"，Concrete International，Vol.31，
　　　No.2，pp.34–38，Feb.2009
5.14)　Sakai,K., Buffenbarger,J.K. and Stehly,R.D.："Concrete Sustainability Forum"，Concrete
　　　International，Vol.32，No.3，pp.56–59，Mar.2010

5.15) Sakai,K., and Buffenbarger,J.K.："Concrete Sustainability Forum Ⅲ", Concrete International, Vol.33, No.3, pp.37–40, Mar.2011

5.16) Sakai,K., and Buffenbarger,J.K.："Concrete Sustainability Forum Ⅳ", Concrete International, Vol.34, No.3, pp.41–44, Mar.2012

5.17) Sakai,K., and Buffenbarger,J.K.："Concrete Sustainability Forum Ⅴ", Concrete International, Vol.35, No.4, pp.45–49, Apr.2013

5.18) Sakai,K., and Buffenbarger,J.K.："Concrete Sustainability Forum Ⅵ", Concrete International, Vol.36, No.3, pp.55–58, Mar.2014

5.19) Sakai,K., and Buffenbarger,J.K.："Concrete Sustainability Forum Ⅶ", Concrete International, Vol.37, No.3, pp.55–58, Mar.2015

5.20) Sakai,K., and Buffenbarger,J.K.："Concrete Sustainability Forum Ⅷ", Concrete International, Vol.38, No.4, pp.72–76, April.2016

5.21) *fib*, "Recycling of offshore concrete structures", bulletin 18, 2002

5.22) *fib*, "Environmental issues in prefabrication", bulletin 21, 2003

5.23) *fib*, "Environmental effects of concrete", bulletin 23, 2003

5.24) *fib*, "Environmental design", bulletin 28, 2004

5.25) *fib*, "Environmental design of concrete structures – General principles," bulletin 47, 2008

5.26) *fib*, " Guidelines for green concrete structures", bulletin 67, 2012

5.27) *fib*, "Integrated life cycle assessment of concrete structures", bulletin 71, 2013

5.28) http://www.nrmca.org/sustainability/Certification/Index.asp

5.29) http://www.asianconcretefederation.org/sustainability.html

5.30) http://www.asianconcretefederation.org/SF/ACF_SF_Report_2014.pdf

5.31) ISO 13315–1:Environmental management for concrete and concrete structures – Part 1：General principles, 2012

5.32) ISO 13315–2：Environmental management for concrete and concrete structures – Part 2：System boundary and inventory data, 2014

5.33) Koji Sakai（Guest Editor）："Concrete Sustainability", Special issue in Construction and Building MATERIALS, Vol.67, Part C, 30 September 2014

5.34) Koji Sakai and Takafumi Noguchi："Sustainable use of concrete", CRC PRESS, 2012

5.35) Pierre–Claude Aïtcin and Sidney Mindess："Sustainability of concrete", Spon Press, 2010

5.36) Costas Georgopoulos and Andrew Minson："Sustainable Concrete Solutions", Wiley Blackwell, 2014

5.37) Per Jahren and Tongbo Sui："Concrete and Sustainability", CRC PRESS, 2014

5.38) http://www.ibec.or.jp/CASBEE/

5.39) 日本建設業連合会：低炭素型コンクリートの普及促進に向けて－低炭素社会・循環型社会の構築への貢献－，パンフレット，2016

第6章
ライフサイクルアセスメント および評価ツールの現況

6.1　ライフサイクルマネジメント思想の誕生と現状

　人類は，産業革命以来，大量生産，大量消費，大量廃棄の社会システムを構築
してきた。ところが，地球人口の増加と生活水準の上昇に伴い，資源・エネル
ギー消費が著しく増大し，地球環境問題が人類にとって大きな課題となってきた。
つまり，このまま資源・エネルギー使用を増大させ続けると，その枯渇が起こる
と同時に，地球汚染や地球温暖化が深刻な問題となることが危惧される。今後，
人類が持続可能な発展を可能にするためには，あらゆる活動において，製造にお
ける自然資源のインプットと発生する不要物の自然へのアウトプットをできるだ
け削減する必要がある。

　しかし，製品を製造すると必ず不要物が発生するのは避けられない。こうした
不要物を最小化することがきわめて重要となる。発生した不要物は利用価値が無
ければ廃棄せざるを得ない。これらは外部不経済としてとらえる必要があるが，
必ずしも適切に評価されていない。一方で，これらを資源として利用できる場合
もあるが，常に問題となるのはそれらを資源として利用するためのコスト増の程
度や，再資源化の過程で発生する環境負荷，あるいはそれらの利用によって発生
するかもしれない製品の品質や安全性の問題である。このように，製品製造によっ
て副次的に排出される物質の処理を適切に考えることがきわめて重要であり，資
源利用に伴う物質循環を適切に管理することが求められる。

　これは，物質のライフサイクルマネジメントであり，環境について言えば，環

77

境マネジメントを意味し，物質をライフサイクルで考慮することが今後ますます重要となる。一般工業製品についてはこうした考えがかなり浸透しているといえるが，寿命の長いインフラや建築物においては普及していないのが現状である。

6.2 ライフサイクルアセスメント（LCA）

我々のあらゆる活動におけるインプットとアウトプットを計量し，それらが地域および地球環境に与える影響を評価し，その削減に向けたアクションを推進する手法として開発されたのがLCAである。

この考え方の先駆けとなったのは，1991年にBCSD（Business Council for Sustainable Development）がISOに環境に関する国際規格の策定を要請し，翌1992年の国連地球サミット会議を経て，ISOが1996年に環境規格ISO 14001（環境マネジメントシステム（EMS）：要求事項および利用の手引き）[6.1]を発効したことであり，その後多くの関連規格が開発されてきた。

ISO 14040[6.2]では，LCAを，"ある製造系のインプット，アウトプット，および潜在的環境負荷をライフサイクルにわたって集めて，評価すること"と定義している。一般に，資源の採掘，素材製造，製品製造，利用，最終段階，および廃棄までが考慮される。この考えは，"ゆりかごから墓場まで（cradle-to-grave）"コンセプトとして知られるが，最近ではリサイクルやリユースもLCAの中に入れることが一般的になりつつあり，この場合のLCAは"ゆりかごからゆりかごまで（cradle-to-cradle）"となる。図-6.1に，これらのフローを示す。

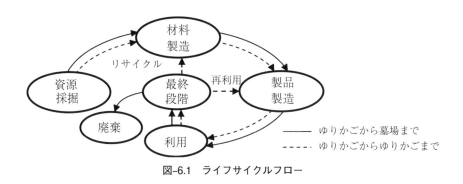

図-6.1　ライフサイクルフロー

6.2 ライフサイクルアセスメント (LCA)

ISO 14040 では，LCA の実施には以下の 4 つのメリットがあることを強調している：

- ライフサイクルのいろいろな段階で製品の環境性能を改善する機会を提供する
- 業界，政府，あるいは非政府組織の意思決定者に情報を提供する
- 環境性能に関連する指標の選定に役立つ
- 市場を開拓できる

製品・サービスの LCA は，以下の 4 つのプロセスを経て完結する。

- 目標と考える範囲を明確にする
- インプットおよびアウトプットのインベントリを集積する
- 環境負荷を評価する
- インベントリ解析と負荷評価の結果を説明する

この過程は，図-6.2 に示すようなフレームで示される。

LCA を行う最終目標とその範囲を明確にすることが最初に行う仕事である。その際，対象とするシステムの機能と機能単位を規定する必要がある。さらに，どのような単位過程が LCA に含められるかをシステム境界として決定し，ライフサイクルインベントリ解析（LCIA）を行う必要がある。LCIA は，"ライフサイクルを通した，ある製造システムのインプットとアウトプットの集積と定量化に関するライフサイクルアセスメントの段階"と定義される。次に行うべきことは，ライフサイクル影響評価である。これは，ある製品製造システムの環境影響の大きさと重要性を理解し評価することを目的としたライフサイクル評価段階で

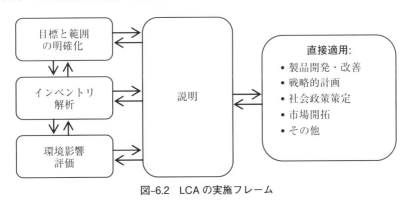

図-6.2　LCA の実施フレーム

第6章　ライフサイクルアセスメントおよび評価ツールの現況

ある。この作業の中には，インベントリデータを影響カテゴリへ分類したり，結果に重みを付けて総合的な評価を行ったりすることが含まれる。最後に，インベントリ解析や影響評価で分かったことを結合させて説明を行う。これらの結果は，結論あるいは推奨という形で提供される。LCA のすべての過程は，基本的に繰返し作業であり，必要に応じてその検討内容の変更が可能である。当然，LCA の結果が妥当であるかどうかについては適切な審査が必要である。

　LCIA で考慮すべき環境影響評価対象としては，以下のような事項が考えられる：

- 気候変動
- 天然資源の利用
- 成層圏のオゾンレベル
- 土地利用と生息地変化
- 富栄養化
- 酸性化
- 大気汚染
  - スモッグ
  - 粒状物質（PM）
- その他の大気汚染
  - 室内汚染
- 水質汚染
- 土壌汚染
- 放射能物質汚染
- 廃棄物排出による影響
- 騒音・振動

　このように，LCA は，人間の社会経済活動に必要な製品・サービスにかかわる環境影響を客観的に評価する手法としてきわめて有益である。LCA を行うことで人間が惹起している環境負荷を認識し，その改善を促進する。LCA の実施で最も重要なことは，そのすべての過程で透明性が確保されることである。

6.3 建築物および土木構造物の環境規格

　前節で述べたことは，ISO/TC207（環境マネジメント）が開発した一般的な製品およびサービスを対象にした規格である。したがって，建設分野でこれを直接適用することは容易ではない。このことから，ISO/TC59（建築物および土木事業）/SC17（建築物と土木事業のサステイナビリティ）が，建設分野のサステイナビリティ関連規格を開発している。

　ISO/TC59/SC17 では実務的な規格として，ISO 21930 [6.3) を制定した。この規格は，建築製品のタイプⅢ環境宣言に関する原則と要件を規定しており，同じ機能を有する建築製品種別（product category）の考え方を導入している。実際に LCA を行うためには，次のような事項に関する製品種別規則を定める必要がある：

- 製品種別の定義と説明
- 製品の LCA の目標と範囲
- インベントリ解析
- その他

環境製品宣言（EPD）には，以下の環境情報を含む必要がある：

- 気候変動のような環境負荷
- 資源や再生可能エネルギーの利用
- 廃棄物
- 水，土壌，および室内空気への排出物
- その他の環境情報

　建築物や土木事業のサステイナビリティを評価するためには，指標が必要となる。そのため，ISO/TC59/SC17 では，評価指標についての規格を建築物と土木事業についてそれぞれ発刊している [6.4), 6.5)。

　しかし，考慮すべき範囲と事項については抽出できているが，それらを実際にどうするかについての定量的な評価指標については明示できていない。それは，一般的に認められた評価手法として具体的に記述することに大きな議論が惹起したことによる。つまり，こうした評価の必要性が生じた場合には，何らかの方法

第6章　ライフサイクルアセスメントおよび評価ツールの現況

で，あるいは誰かの責任で適切に行うことになる。

6.4　環境ラベル・宣言

　環境負荷低減を図るためには，環境負荷評価を実際に適用するシステムが必要となる。ISO では，1998 年に，製品やサービスについて，それらの全体の環境特性や特化した環境的側面についての情報を与える「環境ラベルおよび宣言」規格 ISO 14020 [6.6) を発刊している。この規格は，基本的に単一の工業製品やサービスを対象にしており，土木構造物や建築物のような複雑なものは対象とされていなかった。先述した ISO 21930 は，建築物を対象としたこの規格の発展系と見なすことができる。

　ISO 14020 では，環境ラベルおよび宣言の目的を以下のように定めている。

　　「環境ラベルおよび宣言の総合的目的は，製品やサービスの環境的側面について誤った判断を導かない，検証が可能で正確な情報のやりとりを通して，環境に及ぼす負荷が小さな製品やサービスの需給を奨励し，以て市場が主導する継続的な環境改善を促すことである。」

この目的を確実にするために 9 つの原則を定めている。

① 正確で，検証可能で，関連性があり，誤解を与えない。
② 国際貿易に不必要な障害をもたらす手順や要求をしない。
③ 科学的方法に基づく。
④ あらゆる情報は入手可能である。
⑤ ライフサイクルにおける関連するすべての側面を考慮する。
⑥ 技術革新を抑制しない。
⑦ 運用上の要求事項または情報要求は，環境ラベルまたは宣言の適用を疎外しない
⑧ 開発のプロセスでは，関係者のコンセンサスを得る努力をする。
⑨ 対象に関する必要な情報は購入者や潜在的購入者が入手可能である。

環境ラベル・宣言は，次の 3 つのタイプがある：

① タイプ I 環境ラベル [6.7)
② タイプ II 環境ラベル [6.8)

③　タイプⅢ環境宣言 [6.9]

　タイプⅠ環境ラベルは，任意で，多基準第3者プログラムであり，エコマーク（日本），Green Seal（U.S.），EU Ecolabel（European Commission）等のラベル付与を認定する。

　タイプⅡ環境ラベルは，自己宣言環境主張であり，主張には製品に関する声明，シンボルおよび図形等がある。一般的に主張で用いられる表現には，長寿命製品，再生エネルギー，リサイクル可能，再生含有物，リサイクルマテリアル，エネルギー消費削減，利用資源削減，水消費削減，再利用可能，廃棄物削減等があり，それぞれに関して特別な要求が規定されている。一方，本規格では，サステイナビリティはまだ研究途上にあるので，これに関する主張を行ってはならないと述べられている。明らかに時代は変わっている。「メビウスの帯（三角形の3つのねじれた矢印）」は，再生含有物や再生可能の主張に関してのみ使用すると規定されている。タイプⅡ環境ラベルに関しては，各国でさまざまなラベリングシンボルが用いられている。

　タイプⅢ環境宣言は，ISO 14040 シリーズの利用に基づいて環境に与える影響を定量的に評価し，製品の環境負荷を示すものである。つまり，これは，ライフサイクル環境負荷情報（原料採掘，製造，利用，廃棄，リサイクル）を示す。その主な意図は企業間の情報の利用であるが，場合によっては企業と消費者間での利用も排除しない。日本では，このタイプの宣言としてエコリーフ環境ラベル [6.10] がある。

　こうしたラベル・宣言は，実際に用いられて初めてその価値がある。換言すれば，ラベルや宣言が行われた製品を一般消費者や役所が積極的に使用することで，結果として環境負荷が低減できるし，生産者に一層の環境負荷低減のインセンティブを与える。消費者について言えば，製品選択をする上で一般的には価格の優先度が高い。したがって，必ずしも有効に機能するとは言えない。ところが，企業等では，ラベルの付与された製品を使うことで企業の姿勢を「企業の社会的責任（CSR）」リポート等で社会にアピールできることから，製品のグリーン調達を推進することがなされている。一方，公共事業などを行う役所でも，グリーン調達を環境政策の一つとして実施している。例えば，廃棄物を利用したコンクリートブロックはグリーン調達製品としてよく用いられている。ところが，これ

第6章　ライフサイクルアセスメントおよび評価ツールの現況

までは，必ずしも環境負荷が定量的に評価されていないため，環境負荷低減の程度がよくわからないまま使われていた。最近，グリーン調達に関しても定量的な評価の重要性が認識され，そうした方向へシフトする気運が生まれている。

6.5　コンクリート関連産業のための ISO 環境規格

　ISO/TC71/SC8（コンクリートおよびコンクリート構造物の環境マネジメント）は，コンクリート関連産業のための環境規格の開発を行っている。これは，ISO 14000 シリーズに基づいてコンクリート分野の環境負荷評価を行うことは容易ではないとの判断から，コンクリート関連産業の人々が誤解なく適切に環境負荷評価ができるように，ISO 13315 規格群としてコンクリート関連産業によるコンクリート関連産業のためのルールを構築するために，日本が主導して 2007 年に TC71/SC8 を設置して活動を始めたものである。

　ISO 13315 規格群は，以下のパートからなる。現在 ISO 13315–1 [6.11)] および ISO 13315–2 [6.12)] が，それぞれ 2012 年と 2014 年にすでに発刊され，Part 4 と Part 8 が本書発刊時点で審議中である。

　　Part 1：General principles
　　Part 2：System boundary and inventory data
　　Part 3：Constituents and concrete production
　　Part 4：Environmental design of concrete structures
　　Part 5：Execution of concrete structures
　　Part 6：Use of concrete structures
　　Part 7：End of life phase including recycling of concrete structures
　　Part 8：Labels and declaration

図–6.3 に，ISO13315 規格群の基本フレームを示す。もちろん，この規格群は，ISO 14000 規格群およびその他の関連規格との整合性が図られている。

　ISO 13315–1 は，コンクリートおよびコンクリート構造物に関する環境マネジメントの枠組みと基本原則を示したものである。具体的には，コンクリート材料の製造，コンクリートの製造・再生・廃棄およびコンクリート構造物の設計・施工・利用・解体に関する活動において環境に配慮するために，コンクリートおよ

6.5 コンクリート関連産業のための ISO 環境規格

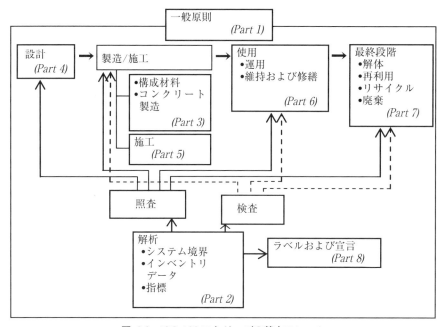

図-6.3 ISO 13315 シリーズの基本フレーム

びコンクリート構造物の環境影響を評価し，環境マネジメントを実施する場合に利用される。一般的には，コンクリートおよびコンクリート構造物のライフサイクル全体が重要となるが，コンクリート関連産業の特徴から，ライフサイクルの各段階，またはライフサイクルのある範囲に対しても適用することを認めている。また，この規格は，新たに製造されるコンクリートや新たに建設されるコンクリート構造物だけに適用されるものではなく，既存のコンクリートおよびコンクリート構造物にも適用できる。

　この規格は，地球環境，地域環境および局所環境を対象とし，建築物の室内環境，ならびにコンクリート製造工場およびコンクリート構造物の工事現場における作業従事者に対する環境については扱っていない。また，コンクリート構造物に設置される設備機器の運転によって生じる環境影響は，直接的には扱わない。ただし，コンクリートの蓄熱効果のように設備機器の運転効率に影響を及ぼすコンクリートおよびコンクリート構造物の特性は，コンクリートの便益としてこの規格の対象としている。

また，この規格は，将来におけるコンクリートからの重金属の溶出または環境中の重金属のコンクリートによる吸収の可能性，廃棄物処理による環境への影響など，コンクリートの製造およびコンクリート構造物によって2次的に発生する影響についても対象としている。

一方，コンクリートの製造およびコンクリート構造物の建設において実施する環境配慮は，経済的側面および社会的側面に影響することになる。つまり，サステイナビリティとしての扱いが必要となる。本規格では，主として環境的側面に注目しているが，必要があれば経済的影響や社会的影響について検討することを排除しない。

図-6.4に，ISO 13315-1における環境設計のフローを示す。本手法の適用の例が，鉄道高架橋を対象に *fib* [6.13)] で提示されている。対象高架橋の建設で，環境性能としてCO_2排出量を従来タイプと比べて20%削減する要求が設定されたとする。それを満足するために，新たな技術を導入して，最終的には28%のCO_2低減となった。つまり，この新たな構造の環境性能（R）は，環境要求性能（S）を満足した。一般に，環境要求性能の設定は，法律，オーナー，設計者等によって行われる。環境設計で照査を行うことについて理解されないことがあるが，環境負荷低減を図るためには要求性能として何らかのターゲットを設定することが必須であることは自明である。

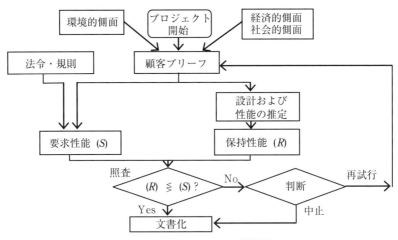

図-6.4　ISO 13315-1における環境設計のフロー

表-6.1 は，ISO 13315–1 の附属書（参考）におけるライフサイクルで考慮すべき各段階における環境影響を示す。ライフサイクル段階には，設計・製造・施工・使用・最終段階があり，考慮すべき環境影響は，気候変動・天然資源の使用・成層圏のオゾン層濃度・土地利用および生息地の改変・富栄養化・酸性雨・大気汚染・水質汚濁・土壌汚染・放射性物質による汚染・廃棄物発生による汚染・騒音および振動があげられている。

また，環境影響の低減策としては，供用期間の長期化（長寿命）や設計上の考慮による環境負荷低減のほか，副産物や廃棄物の利用，リサイクル，蓄熱効果等があることも示されている。コンクリートの CO_2 吸収も有益ではあるが，一方で耐久性上の問題やコンクリートの品質の問題もあることに注意を払う必要がある。

コンクリートおよびコンクリート構造物の環境影響を適切に評価するためには，評価のための時間と空間の範囲を明確に定め，その範囲にインプットされる資源，エネルギー，構成材料，構成部材のタイプやその量に加えて，その範囲内における活動によりアウトプットされる製品や構造物，副産物，廃棄物，汚染物質等の排出物を定量的に算定する必要がある。そのためには，評価するシステムとその外の領域の間の境界として定義される「システム境界」を設定しなければならない。また，評価システムとその外の領域間で入出力するデータである「インベントリデータ」を定量的に求める必要がある。ISO 13315–2 は，コンクリート，プレキャストコンクリート製品およびコンクリート構造物のライフサイクル環境評価（LCA）を実施するために必要なシステム境界の決定と，インベントリデータの取得に関する基本的枠組み，原則および要求について定めたものである。

図-6.5 は，ISO 13315–2 に示されているシステム境界とインベントリデータに関する概念図である。

ISO 13315–2 では，コンクリートの構成材料（セメント，水，混和材，混和剤，骨材）の製造，補強用鋼材の製造，コンクリートの製造，コンクリート構造物の施工，コンクリート構造物の使用，コンクリート構造物の解体，コンクリート部材の再使用，解体コンクリートのリサイクルと廃棄のためのシステム境界とインベントリデータを扱っている。しかし，コンクリートの製造やコンクリート構造物の施工，利用，解体，リサイクルに必要な機器・機械類の製造にかかわる環境

表-6.1(a) ISO 13315-1 附属書（参考）

コンクリートとコンクリート構造物のライフサイクルにおいて考慮すべき段階および環境影響要因

段階	区分	地球の気候変動	天然資源の使用	成層圏のオゾン濃度	土地利用および生息地の改変	富栄養化	酸性化	大気汚染	水質汚濁	土壌汚染	放射性物質による汚染	廃棄物発生による影響	騒音/振動	環境影響の改善策
設計	設計													・長寿命化による環境便益および負荷軽減の考慮 ・多機能設計
製造・施工	構造材料の製造 セメント	CO_2	化石燃料、非金属鉱物（石灰石）		土地利用の変化、生息地の改変	NO_x	NO_x SO_x	NO_x SO_x PM	重金属					産業副産物および廃棄物の使用
	練混ぜ水	CO_2	水			NO_x	NO_x SO_x	NO_x SO_x PM						
	骨材*1	CO_2	非金属鉱物、水		土地利用の変化、生息地の改変	NO_x	NO_x SO_x	NO_x SO_x PM	重金属	重金属	ラドン-222	粉じん、スラッジ		副産物の使用
	混和材	CO_2				NO_x	NO_x SO_x	NO_x SO_x PM	重金属	重金属	ラドン-222			副産物の使用
	化学混和剤	CO_2	化石燃料			NO_x	NO_x SO_x	NO_x SO_x PM	ノニルフェノール誘導体	ノニルフェノール誘導体				
	補強材*2	CO_2	化石燃料、鉄鉱石			NO_x	NO_x SO_x	NO_x SO_x PM						鋼のリサイクル
	コンクリートの製造	CO_2	化石燃料			NO_x	NO_x SO_x	NO_x SO_x PM				スラッジ	騒音/振動	
	プレキャストコンクリートの製造 型枠	CO_2	鉄鉱石			NO_x	NO_x SO_x	NO_x SO_x PM				廃棄物		
	コンクリートの製造 締固め	CO_2	化石燃料			NO_x	NO_x SO_x	NO_x SO_x PM					騒音/振動	
	養生	CO_2	水、化石燃料			NO_x	NO_x SO_x	NO_x SO_x PM	重金属			廃棄物		

注）PM：粒子状物質，VOC：揮発性有機化合物
*1 骨材には天然、砕石・砕砂、人工骨材、再生骨材、スラグ骨材、他が含まれる
*2 補強材には無機、有機、金属系の補強材が含まれる

6.5 コンクリート関連産業のための ISO 環境規格

表-6.1 (b) （つづき）

段階	区分	地球の気候変動	天然資源の使用	成層圏のオゾン濃度	土地利用および生息地の改変	富栄養化	酸性化	大気汚染	水質汚濁	土壌汚染	放射性物質による汚染	廃棄物発生による影響	騒音／振動	環境影響の改善策
製造・施工	運搬 トラック	CO_2	化石燃料			NO_X	NO_X SO_X	NO_X PM					騒音／振動	
	鉄道	CO_2	化石燃料			NO_X	NO_X SO_X	NO_X PM					騒音／振動	
	船舶	CO_2	化石燃料			NO_X	NO_X SO_X	NO_X PM						
	ヘリコプター	CO_2	化石燃料			NO_X	NO_X SO_X	NO_X PM						
	施工	CO_2	化石燃料 材木		土地利用の変化、生息地の改変	NO_X	NO_X SO_X	NO_X PM ダスト	重金属	重金属			騒音／振動	
使用	運用	CO_2	化石燃料	オゾン層破壊物質		NO_X	NO_X SO_X	NO_X PM VOC	重金属	重金属	ラドン-222			・蓄熱効果 ・(CO_2 吸収)
	メンテナンス（運搬を含む）	CO_2	化石燃料			NO_X	NO_X SO_X	NO_X PM						
	レメディアルアクティビティ（運搬を含む）	CO_2	化石燃料			NO_X	NO_X SO_X	NO_X PM VOC				廃棄物		
最終	解体	CO_2	化石燃料			NO_X	NO_X SO_X	NO_X PM ダスト				廃棄物	騒音／振動	・(CO_2 吸収)
	運搬 トラック	CO_2	化石燃料			NO_X	NO_X SO_X	NO_X PM					騒音／振動	
	鉄道	CO_2	化石燃料			NO_X	NO_X SO_X	NO_X PM					騒音／振動	
	船舶	CO_2	化石燃料			NO_X	NO_X SO_X	NO_X PM					騒音／振動	
	ヘリコプター	CO_2	化石燃料			NO_X	NO_X SO_X	NO_X PM						
	再利用／リサイクル	CO_2	化石燃料			NO_X	NO_X SO_X	NO_X PM	重金属	重金属		廃棄物	騒音／振動	・(CO_2 吸収)
	最終処分	CO_2	化石燃料		土地利用の変化、生息地の改変	NO_X	NO_X SO_X	NO_X PM	重金属	重金属			騒音／振動	・(CO_2 吸収)

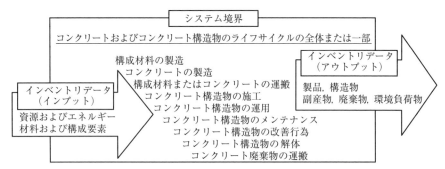

図-6.5　システム境界とインベントリデータの概念図

負荷については，原則考慮しない。もし考慮する場合には二重計上とならないように，また考慮しない場合には漏れとならないようにしなければいけない。また，販売・管理等に係る活動は，システム境界に含めてよいこととしている。当然ではあるが，これらを含めているかいないかは明示的に示すことが求められる。

図-6.6 は，セメント製造のシステム境界を示す。セメントの生産のためのシステム境界内には以下が含まれる。

- クリンカー製造に必要な原材料の採掘，運搬および処理の工程
- クリンカー製造のために必要な燃料の運搬
- 副産物の運搬
- 廃棄物由来の燃料にかかわる運搬
- 原料／燃料の処理，焼成，セメント仕上の全工程
- クリンカー製造のために使われる副産物への追加的な処理工程
- クリンカー製造に用いる廃棄物由来の燃料への追加的な処理工程
- セメント工場から供給基地（SS）までのセメントの運搬。

セメント製造に関する直接および間接インプットおよびアウトプットのインベントリデータ取得で考慮すべきものは以下のとおりである。

直接インプット：

- セメントの製造において原料として使用された枯渇性天然資源
- セメントの製造において原料として使用された天然資源由来の副産物または廃棄物
- 購入したクリンカーの製造に使用された原料と燃料

6.5 コンクリート関連産業のためのISO環境規格

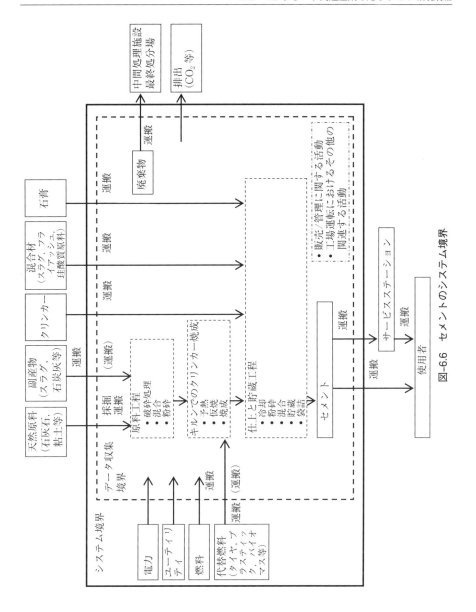

図-6.6 セメントのシステム境界

第 6 章　ライフサイクルアセスメントおよび評価ツールの現況

- キルンで使用された化石燃料
- キルンで使用された代替化石燃料
- キルンで使用されたバイオマス燃料
- キルン以外で使用された燃料
- キルンに投入された排水
- セメントの製造において使用された購入電力

間接インプット：

- セメントの製造以外に使用された購入電力
- 化石起源の燃料の調製に使用した燃料
- 代替化石燃料またはバイオマス燃料の調製に使用した燃料
- 第三者の運搬（インプットとアウトプット）に要した燃料

直接アウトプット：

- セメントの製造に用いられた炭酸塩の脱炭酸によるアウトプット
- セメントの製造に用いられる原料に含まれている有機炭素の燃焼による
  アウトプット
- キルンでの化石燃料の燃焼によるアウトプット
- キルンでの代替化石燃料の燃焼によるアウトプット
- キルンでのバイオマス燃料の燃焼によるアウトプット
- キルン以外での使用した燃料の燃焼によるアウトプット
- セメントの製造において供給された排水中に含まれる炭素の燃焼による
  アウトプット
- セメントの製造において発生した騒音，振動および悪臭
- セメントの製造において発生したばいじん

間接アウトプット：

- セメント工場外で発電された電力を使用した場合，その電力の発電に伴
  うアウトプット
- クリンカーを購入してセメントを製造した場合，そのクリンカーの製造
  に伴うアウトプット
- 化石由来の燃料の製造および調製によるアウトプット
- 代替化石燃料およびバイオマス燃料の調製によるアウトプット

92

6.5 コンクリート関連産業のための ISO 環境規格

- 第3者からのインプット（原料，燃料，他）または第3者へのアウトプット（セメント，クリンカー，他）に伴うアウトプット

なお，バイオマス燃料はカーボンニュートラルに近いと考えられるが，バイオマス燃料の使用量とその使用によるアウトプットは報告することが望ましい。

図-6.7 は，コンクリート構造物の施工に関するシステムを示す。コンクリート構造物の工事には以下のものが含まれる

- 土工事および基礎工事
- 型枠工事
- 鉄筋・鉄骨工事
- コンクリート工事
- 廃棄物処理

土工事および基礎工事にかかわるシステム境界は，以下のものが含まれる。

- 仮設材，杭，およびその他関連資材の建設現場への運搬
- 土工事および基礎工事に必要な仮設材の組立て
- 土工事および基礎工事に必要な重機，および機材の輸送・保管および運用

型枠工事にかかわるシステム境界は，以下のものが含まれる。

- 仮設材，型枠パネル，桟木，型枠留め金具，およびその他関連資材の建設現場への運搬
- 型枠工事に必要な重機，および機材の運搬・保管および稼働

鉄筋・鉄骨工事にかかわるシステム境界は，以下のものが含まれる。

- 鉄筋・鉄骨，および PC 鋼材の建設現場への運搬
- 鉄筋・鉄骨，および PC 鋼材の切断，曲げおよび組立
- 鉄筋・鉄骨工事に必要な重機，および機材の輸送・保管および稼働

コンクリート工事にかかわるシステム境界は，以下のものが含まれる。

- レディミクストコンクリート，およびプレキャストコンクリートの運搬
- コンクリートの打込み，締固め，養生および脱型
- プレキャストコンクリートの組立ておよび接合
- コンクリート工事に必要な重機，および機材の運搬・保管および稼働

コンクリート構造物の工事中に生ずる廃棄物の処理にかかわるシステム境界は，以下のものが含まれる。

第6章 ライフサイクルアセスメントおよび評価ツールの現況

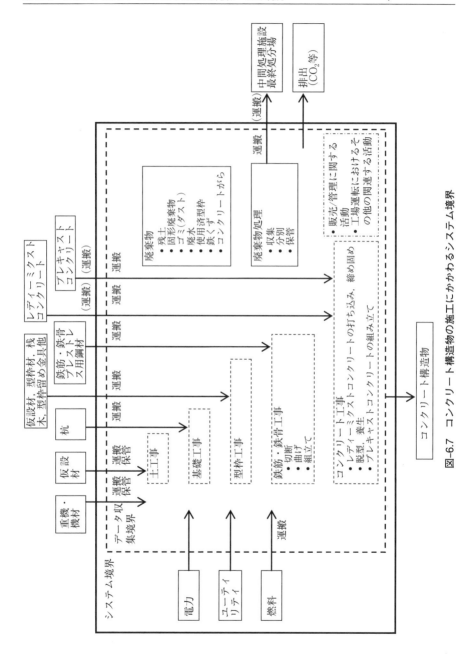

図-6.7 コンクリート構造物の施工にかかわるシステム境界

6.5 コンクリート関連産業のための ISO 環境規格

- 廃棄物の収集，分別および貯蔵
- 廃棄物の中間処理施設や最終処分場への運搬

コンクリート構造物の施工に関するインプットおよびアウトプットのインベントリデータ取得で考慮すべきものは以下の通りである。

直接インプット：

- コンクリート構造物の施工に使用される枯渇性天然資源材料
- コンクリート構造物の施工に使用される副産物・廃棄物由来の資源材料
- コンクリート構造物の施工に使用される工業製品
- コンクリート構造物の施工に使用される養生のための水
- コンクリート構造物の施工に使用される購入電力
- コンクリート構造物の施工に使用される化石燃料
- コンクリート構造物の施工に使用されるバイオマス燃料
- コンクリート構造物の施工に使用される自家発電用燃料

間接インプット：

- コンクリート構造物の施工以外で使用される購入電力
- コンクリート構造物の施工に使用される粉じん飛散防止のための水
- コンクリート構造物の施工以外に使用される燃料
- 化石由来燃料の製造や加工で使用される燃料
- バイオマス燃料の製造や加工で使用される燃料
- インプットやアウトプットの第三者による運搬に使用される燃料

直接アウトプット：

- コンクリート構造物の施工で生じる固形廃棄物
- コンクリート構造物の施工で生じる廃水
- コンクリート構造物の施工に使用される化石燃料の燃焼からのアウトプット
- コンクリート構造物の施工に使用されるバイオマス燃料の燃焼からのアウトプット
- コンクリート構造物の施工に使用される自家発電用燃料の燃焼からのアウトプット
- コンクリート構造物の施工で生じる騒音，振動および悪臭

第6章 ライフサイクルアセスメントおよび評価ツールの現況

- コンクリート構造物の施工で生じる粉じん

間接アウトプット：

- コンクリート構造物の施工に使用される購入電力の発電によるアウトプット
- コンクリート構造物の施工以外で使用される燃料の燃焼からのアウトプット
- 化石由来燃料の製造や加工で使用される燃料の燃焼からのアウトプット
- バイオマス燃料の製造や加工で使用される燃料の燃焼からのアウトプット
- インプットやアウトプットの第三者による運搬に使用される燃料の燃焼からのアウトプット

ここでは，ISO 13315–2 のセメント製造とコンクリート構造物の施工に関するシステム境界とインベントリデータについて紹介したが，このように具体的に何をどう考えるかが規格で示されることで，コンクリートやコンクリート構造物の環境影響を誤解なく適正に算定・評価することができる。このことは，後述するサステイナビリティ設計を実際に実施する上における基礎となるものである。

6.6 社会的側面と経済的側面に関する評価

サステイナビリティを構成する，環境的側面以外の要素である，社会的側面および経済的側面の評価も重要である。社会的側面を評価する指標としてさまざまなものが考えられるが，例えば以下のような評価項目がある。

① 生活し，働く場所としての建築物の品質
② 安全・安心
③ 建築物の室内条件
④ 使用性
⑤ アクセスのしやすさ
⑥ 利用者に必要なサービスのアクセス
⑦ 建築物の質
⑧ 文化的特徴
⑨ 社会的まとまりや繋がり

96

⑩　社会基盤の利用者の需要や満足度

⑪　文化遺産の保護

⑫　その他

上記の項目は，すべて構造物完成後の評価指標であるが，構造物建設中においては以下のような指標が考えられる。

①　労働者の安全

②　人々の不便さ

③　その他

一方，経済的側面を評価する指標としては，以下のような項目が考えられる。

①　性能

②　場所

③　エネルギー効率

④　メンテナンス

⑤　機能性

⑥　その他

建築物の性能は，そのライフサイクルコストや，建築物内で生み出される製品・サービスや知財の質に大きく影響する。建築物の場所は，土地の価格に影響するし，人やモノの移動のコストに影響する。エネルギー効率は，建築物の運用コストに大きく影響する。

インフラの場合も，その性能はライフサイクルコストに大きく影響する。一般に，インフラは，建築物に比べて長期間利用されるので，初期コストを少し増加させることでそのライフサイクルコストを低減させることができる。インフラの場所や機能性は，社会・経済活動の効率やコストに著しく影響する。また，インフラの適切なメンテナンスは，インフラによって提供されるサービスの低下や中断を最小化でき，コストを下げる。

これまで，サステイナビリティを構成する3つの要素について個別に議論してきたが，当然のことながらこれらは相互に関係する。サステイナビリティを評価するためには，これらを総合的に考慮する必要があるが，これを合理的に行うのはそれほど容易ではない。しかし，不十分ではあるが，そうした試みは多くなされ，それらが一般化してきてもいる。以下に，そうした評価ツールの主なものに

第 6 章　ライフサイクルアセスメントおよび評価ツールの現況

ついて概説する。

6.7　建築物の環境影響評価ツール

　これまで建築物の環境影響負荷の評価ツールが開発され，広く用いられている。
それらをすべて紹介することはできないので，ここでは現在よく使われていると
思われる代表的な評価ツールである BREEAM（Building Research Establishment
Environmental Assessment Method），CASBEE（Comprehensive Assessment
System for Building Environmental Efficiency），および LEED（Leadership in Energy
and Environmental Design）の概要を示す。

■ BREEAM
　BREEAM は，英国の Building Research Establishment が開発した建築物の環
境評価ツールである。BREEAM の公式ウェブサイト [6.14] によれば，このツールは，
顧客，建築物開発業者，設計者等に以下のことを提供することを目的に開発され
た。
　①　低環境負荷建築物の市場認証
　②　環境を実際に建築物へ組み込むことの自信
　③　環境負荷を最小化する革新的解決策を見つけるための刺激
　④　法律より高い基準
　⑤　運用コストを下げて，労働・生活環境を良くするツール
　⑥　会社や組織の環境目標に向けた進歩を示す標準
BREEAM の評価対象は，新しい建築物建設から，建築物の使用・改修までを含
む。BREEAM の評価領域は以下のとおりである。
　①　マネジメント
　②　健康・安心
　③　エネルギー
　④　輸送
　⑤　水
　⑥　材料

98

⑦　廃棄物

⑧　土地利用と生態

⑨　汚染

これらに関して細目がある。例えば，エネルギーでは，CO_2排出や低カーボン技術等の項目がある。各項目について取得可能なクレジットに対する達成クレジットの割合に，あらかじめ定められている重みを考慮して，スコア（％）を算出する。達成したスコアに応じて，不可（< 30），可（≧ 30），良（≧ 45），優良（≧ 55），優秀（≧ 70），卓越（≧ 85）の格付けを行う。

■ CASBEE

CASBEE[6.15] は，日本の国土交通省の主導の下で，建築環境・省エネルギー機構における委員会で開発された。基本ツールとしては，企画（PD），新築（NC），既存（EB），改修（RN）がある。CASBEE の基本的な評価対象は，エネルギー効率，資源効率，屋外環境，および室内環境であるが，これらを直接評価する方法を採用せず，建築物の敷地境界等によって定義される「仮想境界」で区分された内外2つの空間に分けて，それぞれ以下の観点で評価する。

　1. 建築物の環境品質・性能 Q（Quality）

　2. 建築物の外部環境負荷 L（Loadings）

ここで，Q は，建築物使用者の生活アメニティの程度を表し，室内環境（Q1），サービス性能（Q2），および室外環境（Q3）の3項目に分けて評価する。L は，外部に及ぼす環境影響の負の側面であり，エネルギー（L1），資源・マテリアル

表-6.2　CASBEE 評価項目

Q（環境品質・性能）			L（外部環境負荷）		
Q1	Q2	Q3	L1	L2	L3
・音環境 ・温熱環境 ・光環境 ・視環境 ・空気質環境	・機能性 ・態様性 ・信頼性 ・対応性 ・更新性	・生物環境の保全と創出 ・まちなみ ・景観への配慮 ・地域性 ・アメニティへの配慮	・建物外皮の熱負荷抑制 ・自然エネルギー利用 ・設備システムの高効率性 ・効率的運用	・水資源保護 ・非再生性資源の使用量削減 ・汚染物質含有材料の使用回避	・地球温暖化への配慮 ・地域環境への配慮 ・周辺環境への配慮

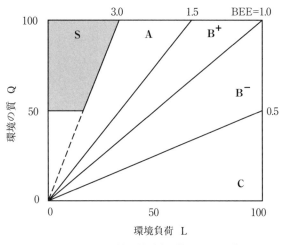

図-6.8 BEE値に基づく環境ラベリング

(L2),および敷地外環境(L3)の3項目で評価する。各項目には重み係数が定められている。表-6.2に,QおよびLで考慮される項目を示す。これらの項目はさらに細分されている。

CASBEEの建築物環境効率(BEE)は,次式で評価される。

$$BEE = Q/L$$

建築物は,生活アメニティに優れ,外部への負荷が少ないのが望ましい。BEE値は,Qの値が大きく,Lの値が小さいほど大きくなる。図-6.8に示すように,BEE値による環境ラベリングとして,C(劣る),B⁻(やや劣る),B⁺(良い),A(大変良い),S(素晴らしい)に分類されている。

■ LEED

LEEDは,U.S. Green Building Council(USGBC)が開発したエネルギー・環境設計評価システムである。LEEDの公式ウェブサイト[6.16)]によれば,"LEEDグリーン建築物認証プログラムは,より良い環境・健康のための戦略を実施するプロジェクトを認証する一連の格付け制度を通して,持続可能なグリーン建築物の選択と開発実践を奨励・加速させる"ことを目指している。

LEEDには,新しい建築物,既存の建築物,および運用・メンテナンスに関す

る評価システムがある。

たとえば，LEED の New Construction | LEED v4 によれば，必須条件に加えて，評価項目およびそれぞれのポイントは以下のようである。

① 統合プロセス（1）

② 場所・交通（32）

③ 持続可能なサイト（4）

④ 水効率（11）

⑤ エネルギー・空気（33）

⑥ マテリアル・資源（13）

⑦ 室内環境質（16）

⑧ 革新（6）

⑨ 地域優先度（4）

この内，マテリアル・資源に関しては，再生利用可能物の収集・保管や建設・解体廃棄物管理プランの必須事項に加えて，以下のような項目とポイント（最大13 ポイント）が与えられている。

① 建築物ライフサイクル負荷低減（5）

② 建築製品公表・最適化－環境製品宣言（2）

③ 建築製品公表・最適化－原料調達（2）

④ 建築製品公表・最適化－マテリアル含有物（2）

⑤ 建設・解体廃棄物管理（2）

各項目の総得点により，有資格（40–49），銀（50–59），ゴールド（60–79），プラチナ（80 以上）の格付けを行う。

6.8　土木構造物の環境影響評価ツール

土木構造物を対象とした評価ツールは，ENVISION [6.17) や CEEQUAL [6.18) などいくつかあるが，何れも一般化しているとは言えない。それらの評価項目は建築物の場合と類似している。異なるのは，土木構造物の建設は自然改変が大きいので，それらにかかわるものを考慮しなければならない。

今後，公共性を有する土木構造物の環境影響評価ツールの開発が行われると思

第6章　ライフサイクルアセスメントおよび評価ツールの現況

われるが，基本的にはサステイナビリティの枠組みの中で必要な事項の定量的な評価を基本として，それらのバランスを考慮した判断をすべきである。現状から，むしろ建築分野の環境影響評価ツールの開発・発展と異なる道筋が望ましい。

◎参考文献

6.1) ISO 14001：2015，Environmental management systems − Requirements with guidance for use

6.2) ISO 14040：2006，Environmental management − Life cycle assessment − Principles and framework

6.3) ISO 21930：2007，Sustainability in building construction − Environmental declaration of building products

6.4) ISO 21929−1：2011，Sustainability in building construction − Sustainability indicators − Part 1：Framework for the development of indicators and a core set of indicators for buildings

6.5) ISO/TS 21929−2：2015，Sustainability in building construction − Sustainability indicators − Part 2：Framework for the development of indicators for civil engineering works

6.6) ISO 14020：2000，Environmental labels and declarations − General principles

6.7) ISO 14024：1999，Environmental labels and declarations − Type I environmental labelling − Principles and procedures

6.8) ISO 14021：1999, Environmental labels and declarations − Self−declared environmental claims (Type II environmental labelling)

6.9) ISO 14025：2006，Environmental labels and declarations − Type III environmental declarations − Principles and procedures

6.10) http://www.ecoleaf−jemai.jp/

6.11) ISO 13315−1：2012，Environmental management for concrete and concrete structures − Part 1:General principles

6.12) ISO 13315−2：2014，Environmental management for concrete and concrete structures − Part 2：System boundary and inventory data

6.13) *fib*：Environmental design of concrete structures − general principles，Technical report，bulletin 47，2008

6.14) BREEAM　http://www.breeam.org/page.jsp?id=66

6.15) CASBEE　http://www.ibec.or.jp/CASBEE/

6.16) LEED　http://www.usgbc.org/leed

6.17) ENVISION　https://www.sustainableinfrastructure.org/

6.18) CEEQUAL　http://www.ceequal.com/

第7章
サステイナビリティ設計

7.1　長寿命化の本質

　国土交通省は，2014年に「インフラ長寿命化計画（行動計画）」[7.1] を策定した。これは，2012年に起きた中央自動車道笹子トンネル天井板落下事故を契機としている。この計画は，「国民生活やあらゆる社会経済活動を支える各種施設をインフラとして幅広く対象とし，戦略的な維持管理・更新等の方向性を示す基本的な計画」と定義されている。こうした計画が必要なのは，「今後は，国を始め，地方公共団体や民間企業等さまざまなインフラ管理者等が一丸となって戦略的な維持管理・更新等に取り組むことにより，国民の安全・安心の確保，中長期的な維持管理・更新等にかかわるトータルコストの縮減や予算の平準化，メンテナンス産業の競争確保を実現する」ためで，「ライフサイクルの延長のための対応という狭義の長寿命化に留まらず，更新を含めて，将来にわたって必要なインフラの機能を発揮し続けるための取り組み」を実行するとしている。

　国土交通省の役割は，国土の社会資本の「所管者」と「管理者」の両側面を有しているが，本計画では何れをも含むと述べられている。その上で，同計画書は，先ず対象施設の現状と課題として，

①　点検・診断／修繕・更新等のための管理者の技術力確保，予算措置，入札制度
②　基準類の体系的な整備
③　情報基盤の整備

第 7 章　サステイナビリティ設計

④　個別施設計画の策定・推進

⑤　新技術の開発・導入

⑥　トータルコストの縮減や平準化等の予算管理

⑦　技術者確保や育成等の体制構築

⑧　責務を明確化した法令等の整備

をあげて，取組みの「方向性」をインフラの種類ごとに示している。例えば，道路施設については，所管者としての取組みとして以下が示されている。

①　相談窓口機能の充実

②　基準・マニュアル等の整備・提供

③　研修・講習の充実

④　交付金等の支援

⑤　入札契約制度等の見直し

　また，管理者の取組みとしては，研修・講習の充実を図るとともに，点検・診断については 5 年に 1 回，近接目視による定期点検を実施し，健全度を 4 つの判定区分で診断する。修繕・更新については，点検・診断の結果，損傷の原因，施設に求められる機能およびライフサイクルコスト等を踏まえて作成した個別施設計画（橋梁長寿命化修繕計画等）に基づく取組みを継続する。その他の施設も基本的に同じである。

　国土交通省は，点検・診断についての知識・技術を有する者の資格を登録して活用することを考え，民間事業者等（学会や協会）が付与する資格を評価し，登録することを始めた。要は，自前では不十分であり，民間資格を活用することが必要であると認識した。

　こうした計画によって，国土交通省各地方整備局は管理者として施設の管理を進めている。第一に，こうしたことがこれまでなされていなかったこと自体が大きな驚きであるとも言えるが，インフラは半永久的にメインテナンスフリーとの思い込みに基づく設計体系に縛られて，構造物変状に関する評価システムが存在しなかった事実を踏まえれば，さまざまな問題が看過できなくなった事態を受けての対応ではあるものの，大きな前進だと思われる。また，地方整備局等の組織体制も，インフラの新設を主たる業務とするように構築されており，維持管理を行うには必ずしも十分ではない。

104

7.1　長寿命化の本質

　そもそも，鋼であろうとコンクリートであろうと，我々は実際の構造物でその建設後 50 ～ 100 年間に何が起こるかについて経験が十分でないのであるから，現実を目にしてものを考えざるを得ないのも事実である。別の見方をすれば，漸くインフラ整備が成熟して造ることにのみに目を向ける必要がなくなったと同時に，深刻な問題が顕在化してきたとも言える。

　インフラ整備先進国である米国は，1980 年代に同じ問題が顕在化して社会問題となった。30 年後の現在も，政権がインフラ再建を打ち出しているものの，財政問題が重くのしかかっている。要は，各国が，自ら適切に管理できないほど大量のインフラを整備してきたことになる。日本では，1960 年から半世紀以上にわたって，総額約 2 500 兆円の建設投資を行ってきた。世界の発展途上国は，これから，米国や日本が経験してきたことと同じ道を歩むことになる。

　国土交通省が，「長寿命化」を打ち出した背景は，日本の社会経済活動を損なわないインフラの機能確保と財政縮減による更新制約と考えられる。本計画でも，点検・診断・修繕までは比較的明確であるが，更新まで含むと言いながら，唐突に「更新の機会」にいろいろ考えて下さいといった内容しか書けていない。つまり，廃棄・撤去や更新のための明確な「判断基準」が示されていない。

　その理由は簡単である。要は，とにかく付け焼刃的な対応が急がれるので，先ず現状を把握して必要な手段を講じよ，というわけである。これはやむをえない。しかし，もう一つ根源的な問題が国土交通省設置法である。その 3 条は，「国土交通省は，国土の総合的かつ体系的な利用，開発および保全，そのための総合的な整備，交通政策の推進，観光立国の実現に向けた施策の推進，気象業務の健全な発達ならびに海上の安全および治安の確保を図ることを任務とする。」となっていることである。

　「国土の総合的かつ体系的な利用，開発および保全，そのための総合的な整備，交通政策の推進」は，発展途上国に適合するものであり，インフラ整備が成熟し，地球規模で資源・エネルギー問題や地球温暖化が深刻になっている中で，最も資源・エネルギーを消費することに関連する業界が，そうしたことを考える法的根拠がない。逆に言えば，そうしたことは国土交通省の所掌の範囲以外であると考えている。産官学が，何かを感じながらも，発展途上国並みの感覚で活動している。とりあえず，長寿命化でお茶を濁しておく。長寿命化と言えば，一見合理的

105

第7章　サステイナビリティ設計

な対応と理解されるかもしれないが，突き詰めていくときわめて深刻な事態が含まれている。つまり，現状の問題が何故発生し，その解決にはどのような考え方が必要かについてまで思考が及ばなければ，本質的な問題は明らかにならない。「更新」の判断基準は，こうしたことを明確にしなければ，設定できない。つまり，現行の設計に対する考え方まで遡る必要がある。そこでは，安全性や耐久性の余裕度と経済性や環境性との相互関係を認識して，さまざまな情報を基に総合的な判断ができる体系が必要となる。

　インフラ・建築物の更新の判断基準には，経済的側面については，一般にインフラ・建築物を存続させる価値が存続させるのに必要なコストより大きなものであるべきであり，環境的側面については，エネルギー・資源消費やCO_2排出等をライフサイクルで定量的に評価すべきであり，かつ社会的側面として最も重要な安全性に関しても，例えば補強による安全性向上で寿命をどの程度延伸できるのか等を適切に評価し，それらを総合的に判断するためのシステムが含まれているべきである。

　今後，我々は，そうした方向を明確にして，必要なアクションをとるべきだ。そうした根源的な認識がきわめて重要であり，本書が対象とするテーマである。換言すれば，「伝統的」な工学体系の延長線でものを考えても，次の50年に向けて考慮すべき本質を見出すことはできない。

7.2　国土強靭化論の本質

　日本政府は，2013年12月に「国土強靭化基本法」を成立させた。同法の基本理念は，① 人口および行政，経済，文化等に関する機能の過度の集中から多極分散型の国土形成を図り，② 国土の保全および複数の国土軸の形成を通じた国土の均衡ある発展を図り，そのための施策として，③ 大規模災害を未然に防止し，大規模災害が発生した場合における政治，経済，および社会の活動を持続可能なものとする施策を講じることである。

　①および②は半世紀にわたって議論されてさまざまな施策が機能しなかったものである。しかも，世界の都市集中度と比べて日本の場合はそれほど高くない。ところが，日本の場合は，今後人口減少と国民の高齢化問題がきわめて深刻な事

態になってくることを考慮すれば，①および②は時代の趨勢をとらえていない，高度経済成長時代の古い考えを引きずっていることは明らかである。こうした新しい法律を作る場合に，何らかの「前振り」が必要なのであろうが，あまりにも時代を認識していない。

したがって，この法律は，③を考えるものと理解してよい。この法律は，東日本大震災を大規模災害の例として想定しており，その際問題になったことについて国と市町村が強靭化計画を構築することが義務付けられている。我々に直接関係するものは，「大規模災害に対し強靭な社会基盤の整備等」の第十三条である。同条は，「国は，大規模災害が発生した場合における被害の最小化を図り，政治，経済および社会の活動の停滞を防止するため，建築物等の地震に対する安全性の向上，密集市街地の整備による防災機能の確保，国家の中枢的な機能の代替性の確保，その他の必要な施策を講ずるものとする。」と謳っている。このほか，第十四条では，大規模災害の発生時における保健医療および福祉等の確保，また，第十五条では，大規模災害が発生した場合におけるエネルギーの安定的な供給の確保が規定されている。

このように，国土強靭化法案は，今後予想される東日本大震災クラスの地震や首都直下地震を想定したものであることは明らかである。同法を施策として具体的に推進するために，国土強靭化政策大綱（案）が基本的な指針としてまとめられた。これによれば，国土強靭化の理念は，いかなる災害等が発生しようとも，

1. 人命の保護が最大限図られる。
2. 国家および社会の重要な機能が致命的な障害を受けずに維持される。
3. 国民の財産および公共施設に係る被害の最小化を図る。
4. 迅速な復旧復興を図る。

を基本目標として，「強さ」と「しなやかさ」をもった安全・安心な国土・地域・経済社会の構築に向けた「国土の強靭化」（ナショナル・レジリエンス）を推進することにあるとしている。

つまり，何が起ころうが人的被害も含む社会的被害を最小化して，地域社会・経済を迅速に回復させようという考え方であり，特別目新しいことはない。これらは，東日本大震災発生によるさまざまな経験を整理したもので，関係機関や民間が何を認識しておく必要があるか，またそうした事態が発生した場合に何をす

べきかを学習し，対策を講じる基盤として役に立つであろう。

　ところが，この法律や大綱は，国土の強靭化の根本がどこにあるかについての認識が薄いと思われる。国土の社会経済基盤は，インフラと建築物であり，これらがどれほど強靭なのかが災害規模に直結する。極論すれば，インフラと建築物の強靭化を図ることが最も重要である。それをどのような考え方および仕組みで実現するかに注力しない「国土強靭化論」は意味がない。もちろん，すべてを絶対安全にすることはできないので，何を確保して何を捨てるのかを体系的に理解した上での対策が必要になる。そうした体系が構築されない限り，場当たり的な対応にならざるを得ない。

　現在，そうしたシステムがないから，現状のインフラや建築物に何が起こるかわからないので，つまり信用していないので，総花的に注意項目をあげたとも言える。本質的な問題が認識されていない現状からすれば仕方がないことであり，注意喚起と，できるところからやるという戦略は妥当である。しかし，今後，各分野で国土のレジリエンスのために何が必要かを具体的に検討していくことがきわめて重要となる。その場合のキーワードは，サステイナビリティである。

　国土強靭化法では，環境で言えば災害が起こった場合のがれきしか見ていない。しかし，地球温暖化によると思われる異常気象により災害が起こっていることも事実であり，その原因低減を踏まえた施策がなければ片手落ちであろう。社会経済のサステイナビリティには，資源・エネルギーもきわめて重要となる。こうしたことも総合的に考えて初めて「強靭化」の本質が見えてくる。2015年の国土強靭化関係予算案によれば，その総額は，約3兆7913億円であり，その内の公共事業費関係費は83％となっている。結局，国土交通省総予算5兆9247億円の内の約47％が強靭化関連予算ということになる。つまり，国土交通省が従来行ってきている施策の色分けを明確にした側面はあるものの，本質的には何も変わっていない。換言すれば，従来の予算の約半分を国土強靭化予算としたに過ぎない。対象は復興庁を除くすべての省庁である。これが国土強靭化法にかかわる予算の中身である。文部科学省が，構造材料研究開発，建築物の非破壊診断技術関連研究開発，各種災害の観測・予測研究，耐震技術研究を行うことになっている。

　このように，国土強靭化は取立てて新しいことではない。ただ，社会のサステイナビリティの観点から，インフラや建築物だけではなく，すべての省庁がかか

わる事項も含めて体系を再構築したと言える。しかし，当然ではあるが，それでもなお，インフラ・建築物にかかわるものがその大部分を占めている。したがって，対象が非常に拡大してわかりにくくなっているものの，国土強靭化とは，インフラ・建築物の強靭化と置き換えても大きな間違いはない。社会経済活動との関連を見ても，インフラ・建築物が強靭であれば，地震等による被害は最小化できることからも明らかである。

　以上のような背景から，従来我々が積み上げてきた設計・技術・システム体系をサステイナビリティの観点で再構築することがきわめて重要となる。換言すれば，国土強靭化をインフラ・建築物の新しい設計体系で実現する視点が必須であり，これまでの延長線上での思考では合理的な国土強靭化は実現し得ない。

　とくに重要視すべきは，地震等の動的な作用に対するインフラ・建築物の堅牢性とレジリエンスである。日本では，1995年と2011年に，それぞれM 7.3の兵庫県南部地震（阪神・淡路大震災）とM 9.0の東北地方太平洋沖地震（東日本大震災）を経験し，多くを学んだ。後者については，まだ復興途上にある。しかし，復興に当たって構造物の安全性に対する新たな対応はほとんど見当たらない。多くは，耐震性能は保持されているという判断であった。本書執筆中の2016年4月にM 7.3の熊本地震が発生し，大きな被害を受けた。深刻なのは，大病院や役所の建築物が崩壊の危険性があることが明らかになったことである。我々の社会は脆弱であることを再認識せざるを得ない。社会の脆弱さは，社会のサステイナビリティの対極にあるが，その具体的な意味は，先進国で経済大国であることを任ずる日本において，未だインフラ・建築物の地震に対する堅牢性が確保されていないことである。ただ，東日本大震災で被災した東北新幹線が全線復旧するのにほぼ半年を要したのに対して，九州新幹線が被災後13日で復旧したこと，また九州自動車道が15日で全線開通したことは朗報と言える。

　建築基準法は，損傷蓄積の影響を想定していない。取り敢えず，地震等で崩壊しないことを目途とする最低要求をしているに過ぎない。今回の熊本地震のように，大きな作用が連続して起こることを想定していない。たとえ連続していなくとも，危険であることに変わりはない。社会のサステイナビリティを考えれば，この法律が現実にそぐわないことは明らかであるし，より合理的な考え方を導入するための努力が求められる。構造物の安全性の余裕度が今後ますます重要とな

第 7 章　サステイナビリティ設計

る。国土強靭化の要であると言えよう。

7.3　建設分野へのサステイナビリティ思考の導入 [7.2)]

7.3.1　概　要

　サステイナビリティを一つの指標で評価することはできない。何故なら，サステイナビリティを測る側面は多様であるからである。一般に，サステイナビリティの評価は，社会，経済，そして環境の側面に分けて行う。当然，これらの間には複雑な相互関係があるので，一意的な「正解」などはない。そうではあっても，このような思考は，問題の本質を明瞭にする上で大変役立つ。これらの要素を社会科学的に総合化する方法も考えられるので，必要に応じて多様な扱いも可能である。重要なことは，これら 3 つの側面を適切に整理し，必要と思われるものを抽出して評価し，判断することである。

7.3.2　社会的側面

　人間の生活・活動に必要な構造物の建設は社会的ニーズに基づいてなされる。ニーズの第 1 は機能であり，第 2 は機能を持続させるための安全性・使用性（耐久性）の保持，第 3 は設計の余裕度に応じた構造物の変状の回復性（レジリエンス），第 4 は機能の縮小，停止あるいは解体である。

　社会的側面には，人口問題，経済問題，食糧問題，都市化問題等，さまざまな問題がある。建設分野では，これらの問題のほとんどに直接あるいは間接に関連する。これらの複雑な問題解決の手段として建設行為が行われていると言える。問題解決のための計画段階から実際の建設段階までの間のどこを対象にするかによって考慮すべき内容は異なるが，できるだけ川上に遡って建設計画・設計・施工・供用を考えるのが望ましい。いずれにしても，そのスタート地点を明確にして社会的側面として考慮すべき事項を整理して，それらを必要な機能に収斂させることになる。機能が明らかになれば，機能を確保するための設計が行われる。設計では，我々が有する技術・システムの信頼性に応じて安全性に対する余裕度を考える必要がある。

110

7.3.3 経済的側面

構造物の建設には費用が発生する。構造物としての所要の機能を付与するに必要な費用が確保されて初めてその建設を可能にする。多くの場合，所要の機能を有する構造物の標準的な費用を概算して，それが予算との関係で問題なければプロジェクトは先へ進む。もし予算が不足すれば，標準費用を縮小する工夫が必要となる。機能を縮小する可能性もある。機能縮小が認められなければ，構造形式や使用材料および施工の工夫・イノベーションで費用低減を図る方向となる。その場合であっても，構造物の安全性や使用性を低下させる選択肢はない。逆に，重要度に応じた安全性の余裕度の増加要求等から標準的な建設費用を超える場合がある。このように，建設時に低コストであればいいとする考え方は，サステイナビリティの観点から必ずしも適切ではない。総合的な評価が欠落した「古い」工学思考を排除する上での重要な視点である。

とは言え，現実社会を見れば，投資とそこから得られる利益が判断基準になる。したがって，費用を最小化し，短期的な利益を考えた構造物を建設することは不思議でない。その結果，投資を回収できれば用済みとして解体したり，新たな投資で目先の利益を考えたりする。そうしたものをライフサイクルコストの観点から合理性があるとするのは，資源・エネルギーの観点から受容し難い。こうしたことを抑制するには，資源・エネルギー投入の短期的な償却にはペナルティーとして付加的な課税措置を考えるのも一方法である。

インフラ建設は，通常国や地方自治体が主導する。それは，インフラ建設は民間が行うには費用が大きすぎるからである。インフラ整備は社会全体の責務として税金で行い，民間活動を支えるとする思想の下で行われる。税金で建設するのであるから，無駄のないようにというのが重要であり，それを監視するのが会計検査院となっている。構造物設計・施工に「無駄」が見つかれば，指摘され改善命令等を受ける。

そのため，役所は細心の注意を払って無駄に税金を使ったと言われないように条件反射的に「低コスト」を最も重要なことと認識する。各役所には技術に関する示方書や基準が存在していて，それに従っていれば指摘を受けることがない。逆に言えば，それ以外の工夫や判断には大きなリスクが伴う。こうしたシステムが，大きな誤りを抑制することに寄与していることから，建設分野を相当保守的

第 7 章　サステイナビリティ設計

にしているとも言える。コストパフォーマンスには絶対解がないことも問題を難しくしている。しかし，大地震による被害や，古いインフラの維持に大きな問題が起きていることを考えれば，成熟した日本においては安全性や耐久性の「余裕度」を高めるための「コスト増加」を合理的に考える時期に来ている。つまり，コストは，安全性の余裕度と密接に関連していることを明確に認識しなければならない。安全性の余裕度は「安心」をもたらす。

　アジアを始めとする発展途上国のインフラ整備は，これから膨大な資金を投じて行われることが予測されている。先進諸国は，経済成長の起爆剤としての発展途上国のインフラ整備に大きな期待をしている。日本がそうであったように，そしてその結果として大きな問題を抱えているように，これら発展途上国の今後のインフラ整備で同様な問題を発生させては，地球の資源・エネルギーはもたない。低品質で量を稼ぐか，高品質で量を抑えるかは，発展途上国にとってはきわめて悩ましい課題である。低品質は，最終的にコストも資源・エネルギーも浪費することに繋がる。ことは，一国の問題ではなく，地球に住む人類共通の問題になってくる。

7.3.4　環境的側面

　構造物の建設では，直接的には自然改変，資源・エネルギーの使用，および各種環境影響が，間接的には構造物利用によるさまざまな環境負荷が発生する。しかし，後者については，構造物計画時で考慮されるべきもので，必要な環境負荷低減要求は構造物の設計要件として設定され，設計で適切に反映される。

　直接的な自然改変は，構造物が土地を利用する以上避けられないが，一定の緩和策は可能である。汚染や施工時の環境影響などは，法的な規制があるが，規制以上の対応もできる。構造物の建設には多くの資源とエネルギーを消費する。建築物の場合，その運用時のエネルギーも非常に大きいことから，近年，エネルギー使用量を低減するための革新的技術開発競争が激しさを増している。

　現在人類が直面している最大の問題は，資源・エネルギーの使用に伴う環境負荷である。地球はたかだか半径が 6 300 km 余りの球体である。その事実からも地球の資源・エネルギーが有限であることを理解することは容易であるが，加えて，地球人口が 70 億を超え，さらに数十億人増加することが予測されているこ

7.3 建設分野へのサステイナビリティ思考の導入

とを考えれば，複雑な自律生体システムを有する地球を利用して生存している人類が持続可能でないことは自明である。

人類は，経済活動の拡大で地球の気候まで変えつつある。資源の野放図な利用拡大は，その価格を上昇させ，健全な経済活動を阻害する。結果として格差拡大等による社会的な安定が失われるという悪循環に陥る。こうした負の連鎖を断ち切る唯一の方法は，資源・エネルギーの使用量を削減する社会経済活動を推進することである。建設産業も例外でない。

建設産業の使命は，社会経済活動の効率化のための基盤整備を行うことにある。しかし，その結果，一層資源・エネルギーを消費する社会構造をつくることに繋がっている。こうした状況を「経済成長」と呼び，多く生産して多く消費する経済システムを望ましい姿として何の疑いもなく是認してきたのが，これまでの人類の歴史であったと言える。こうした考え方は，資源・エネルギーが無限にあり，それらの消費が地球の気候に影響しないことが前提でなければ成立し得ない。

資源が有限であることは明らかである。有限な資源の争奪戦は，資源の枯渇を招くだけではなく，価格が上昇する。また，潜在的に賦存量があっても，自然破壊に対する制約から開発ができない現状もある。化石エネルギーについては，石油・天然ガスは 50 年程度，石炭やウランも 100 年程度とされる[7.3]。これらが 2 倍，3 倍になっても化石エネルギーが有限であるという事実を変えるものではない。発展途上国の消費増大および地球人口の増大を考えれば，化石エネルギーや原子力エネルギー供給はきわめて危機的な状況にあると言わざるを得ない。

建設関連分野における CO_2 排出量は，建築物の運用を含めて全排出量の 40 ～50％を占めていると考えられる。その半分程度は運用によるものである。また，建設分野で用いられる資源は，他の産業と比して圧倒的に多い。建設資材の主なものは，コンクリート，鉄，そして木材と言える。世界で，コンクリートは 300億トン程度の消費であり，鉄は総生産量約 15 億トンの半分以上が建設関連であると考えられる。木材は 35 億 m^3 程度の消費である。これが現実であるが，建設産業はこうした事実を認識していない。これまで，建設産業は，資源・エネルギー消費についてサステイナビリティを考える必要がなかったためである。ひたすら，広範囲に社会経済基盤を整備して経済的発展に寄与するという思想が「正しい」こととして理解してきたからである。

113

第7章　サステイナビリティ設計

　この考えは，基本的に今後も一定の有効性を保持するであろうことは疑いないが，インフラ・建築物の「環境質」を変えなければ，おそらく人類はきわめて深刻な事態に追い込まれる。つまり，今後建設分野で用いられる基礎資材量を考えると，従来の思想を保持することは不可能となる。たとえば，粗鋼消費量について見ると，水野和夫氏（資本主義の終焉と歴史の危機：集英社新書）によれば，先進国人口 12.4 億人が 9 億トン程度を消費している。つまり，先進国の 1 人当たりの粗鋼消費量は 9 億トン ÷ 12.4 億人 = 0.72 トン / 人となる。70 億人となると，約 50 億トンの消費である。90 億人になれば，約 65 億トンである。粗鋼の CO_2 排出原単位は 1.8 CO_2 − トン / トン（日本の 2013 年のデータ：日本鉄鋼連盟）であるので，70 億人および 90 億人の場合で，CO_2 はそれぞれ約 90 億トンおよび 117 億トンとなる。鉄の 6 割が建設分野で用いられていると仮定すれば，それぞれ約 54 億トンおよび 70 億トンとなる。

　また，セメントは，日本で 1 人当たり 0.5 トン消費しているとすると，70 億人および 90 億人で 35 億トンおよび 45 億トンであり，セメントの原単位を 0.8 CO_2 − トン / トンと仮定すると，セメントの人口 70 億人と 90 億人の場合の CO_2 排出量はそれぞれ約 28 億トンおよび 36 億トンとなる。結局，建設分野の基礎素材としての鉄とセメントを合わせると，CO_2 排出量は，現状人口では約 82 億トン，90 億人では 106 億トンとなる。現在の総 CO_2 排出量は 320 億トン程度と考えられ，鉄とセメントによる CO_2 排出量がいかに膨大なものになるかを示している。建設行為には，これらに，他の資材や施工や輸送も含まれる。

　上の計算は，鉄とセメントの原材料が持続的に取得できることを前提としている。しかし，鉄鉱石，石灰石，および石炭の現実的に採掘可能な賦存量は，今後数百年の消費に耐え得るほど多くはないであろう。また，CO_2 排出量の著しい増加は地球温暖化を促進することになる。

　このように，建設分野が負う資源・エネルギー負荷はきわめて大きなものである。もし今後コンクリート・建設分野がこうした事実に目をつぶるとすれば，建設産業のサステイナビリティだけでなく，社会のサステイナビリティが失われることを意味する。コンクリート・建設分野の責任はきわめて大きいのである。

114

7.3.5 新しい設計体系の必要性

　右肩上がりの経済発展を支えてきたと自負する建設関連産業は，そうしたインフラを利用する他産業が「環境」をビジネス展開の要として事業展開を図っていることに総じて無関心のように見える。建設関連産業は最も資源・エネルギーを消費している。そうした事実を認識することなく，建設関連分野はこれまで環境に配慮してきたのであるからもっと社会にそうしたことを周知すべきであるとする主張が少なくない。我々は，産業としての重要性に鑑みても社会的に評価されてもよさそうであるが，人類が地球規模で何をしなければいけないかの本質を理解しない無知で傲慢な業界と見られており，しばしば痛烈な非難の対象にさえなる。

　その根本原因は，長い間に構築された，資源・エネルギー問題を深刻に考える必要がなかった「古い」工学思考と，発注に絡む談合体質，あるいは政治家との繋がり等であると思われる。後者2つは相当改善されてきたと言えるし，ことの本質ではない。

　構造物の安全性に関する技術の進歩は著しいものがある。コンピュータの性能の著しい向上と解析技術の発展は，構造物の地震時挙動を相当正確に予測できるようになっている。しかし，それですらも，限定された条件下での挙動であり，未だ不十分で不確実性がある。こうした問題が100％解決されることは不可能である。何故なら，人間は，地球内部の動きを制御できないだけでなく，複雑な動きが複雑な岩盤・地質構造によって地表にどう伝わるかなどは，ほとんど永遠に把握できない領域と言っても過言ではないからである。

　したがって，先へ進むためにはこれまでの「古い」工学の延長線上でものを考えても限界があることを認識しなければならない。現在の工学思考の基本的枠組みを再構築することが必要である。再構築のための基本哲学は，「人類にとって最も重要なことは，人類の生存基盤である地球環境の保持が最も重要である」こととする。地球が人類に提供してくれる自然資本を将来に亘って持続的に使うことができるような社会経済システムを構築することが最も重要である。

　つまり，人類と地球のサステイナビリティを基本にしてすべてを考えることが求められるのであるが，未だに，環境は経済と同じで建設技術者の範疇にはないとする考え方が少なくない現状がある。これは，構造物の設計では作用力が与件

第 7 章　サステイナビリティ設計

として設定できるが，環境要件は設定できないとする考え方による。しかし，この考えは，現在我々がどのような状況にあり，今後どうなるかについて考えるのは自分たちの責任ではないと言っていることになる。自らの産業活動により，最も資源とエネルギーを消費する結果になっていて，将来さらに事態は深刻になることを考えたこともないようにすら見える。

　建設産業が今後こうした考えで活動を展開することができないことは明らかである。資源・エネルギーや地球温暖化を考える必要がなかった期間に積み上げられた「古い」伝統的システムや工学思想は破綻していることを認識して，「新しい」システムや工学を構築するための準備をし，将来を見据えた果敢な行動に挑戦すべきである。

　人類と地球の持続性を実現するための総合評価指標が「サステイナビリティ」である。これをインフラ・建築物の設計に明示的に組み込むことが重要であり，本書では，その体系を「サステイナビリティ設計」として位置付け，以下にその基本的な考え方を示す。

7.3.6　サステイナビリティ設計法の萌芽

(1)　*fib* Model Code 2010 [7.4)]

　fib は，2014 年に *fib* Model Code 2010 を発刊した。この基準の特徴は，設計枠組として確率論を組み込んだ性能設計とし，要求性能は，安全性，使用性，およびサステイナビリティの 3 つを基本としていることである。耐久性は，使用性の中で扱われることを明確にしている。これは，耐久性は使用性を確保するためのものであり，耐久性を安全性や使用性と同列に扱うべきものではなく，あくまで前提条件であることを初めて示したと言える。*fib* Model Code 2010 では，設計基準の歴史上，初めてサステイナビリティを組み込んだ。サステイナビリティ要素としては，環境的側面と社会的側面を考慮し，経済的側面は扱わない構造となっている。サステイナビリティに関する要求性能は，法律や，オーナーや仕様書作成者等の利害関係者の特別な意図，あるいは国際的な合意等に基づく意思決定者によって決定される。

　環境に対する要求性能は，人間の健康，社会的資産，生物多様性，一次生産力に対する負荷をベースにして，大気・水・土壌汚染，有害物質，オゾン層破壊，

地球温暖化，富栄養化，光化学スモッグ，土地利用，廃棄物排出，資源消費等が考えられる。これらの要求性能を得るために，材料選定，構造設計，施工法，利用法，維持管理法，解体・廃棄，リサイクル方法，エネルギー・資源消費，およびCO_2，水汚染，土壌汚染，ダスト，騒音・振動，化学物質等に関する要求限界等を適切に考慮する必要がある。

社会的要求性能は多様である。この基準では一例として景観をあげ，考えられる要求性能として，構造物の美観，構造物と環境の調和などが考えられ，そのために形状や構成の選択，色・テクスチャー・材料の選択等が関係するとしている。

こうした要求性能を踏まえて諸事を設計し，実際の性能が要求性能を満足するかどうかを照査することになる。要求性能と保持性能の照査の構造は，力学的な問題であれ，環境の問題であれ，すべて同じである。

fib Model Code 2010 は，サステイナビリティを要求性能と位置付けたが，サステイナビリティの3つの要素についての包括的な扱いがなされていない。構造物の設計で最も重要なことは安全性の確保であり，そのことが社会のサステイナビリティの基本となる。つまり，安全性の検討はサステイナビリティにおける社会的側面の一要素である。したがって，*fib* Model Code 2010 の枠組みは不十分であり，根本的な見直しが必要な状況にある。

(2)　ACI Building Code Requirements for Structural Concrete [7.5]

アメリカコンクリート学会（ACI）は，多くのドキュメントを発刊しているが，最も重要なドキュメントの一つが ACI Building Code である。この基準の318–14版の第4章において，構造系の要求として，強度，使用性，および耐久性に加えて，サステイナビリティを初めて導入した。つまり，サステイナビリティを要求性能として設定することを認めた。しかし，2つの前提条件を置いた。1つは，サステイナビリティを設計上設定できるのは，然るべき資格を有する専門家に限定し，強度，使用性，および耐久性がサステイナビリティに優先することが明記されている。

前者における有資格者とは，北米で開発された資格制度 LEED 等を想定していると思われるが，具体的な記述はない。また，サステイナビリティに関する具体的評価指標については何も述べられていない。LEED にはさまざまな評価指標

117

第 7 章　サステイナビリティ設計

があるのでそれらを用いることができるが，コンクリートに関するものはきわめ
て少ない。後者の条件は，取り立てて言う必要はないが，誤解を避けるために敢
えて記述したと思われる。

このように，ACI が，コンクリート構造物の設計で，従来の設計の枠組みを拡
張して，詳細はともかくサステイナビリティを考慮できるように基準を改定した
ことの意味はきわめて大きい。しかし，*fib* Model Code 2010 のサステイナビリ
ティに関する規定と同様の問題があり，今後全体枠組みを変えることが必要とな
る。

(3)　ISO 13315-4（Environmental design of concrete structures）

ISO/TC71/SC8 の第 4 部（コンクリート構造物の環境設計）が開発途上にある。
ISO 13315-1 [7.6)] において環境設計の概要が記述されている。この規格における環
境設計のフレームは以下のように考えられている。

① プロジェクト開始に当たって，経済的側面および社会的側面を踏まえて環
境的側面に関するクライアントブリーフを行う。

② 法的規則等を踏まえて，環境要求性能を設定する。

③ 構造，断面諸元を決める。

④ 環境保有性能を算定する。

⑤ 環境保有性能が要求性能を満足するかどうかの照査を行う。

⑥ 満足しなければ，状況に応じて③，②あるいは①へ戻る。

⑦ 満足すれば，構造や使用性の要求性能を満足するかどうかの照査を行い，
満足されなければ③へ戻る。

⑧ すべて満足すれば，情報の文書化を行う。

⑨ 終了

コンクリート構造物の環境設計は，当然安全性および使用性に関する要求性能
を満足することが必須であり，環境性能に配慮するあまり，安全性を阻害する選
択肢はあり得ない。要は，従来の設計考慮要素に環境性も加えてそれらの間のバ
ランスのとれた構造物建設を実現することに注力する。しかし，状況によっては
安全性の余裕度を高めて，その結果環境性が低下する選択肢も否定しない。これ
らの関係について絶対的な解はない。こうしたことを前提に新しい設計枠組みの

7.4 サステイナビリティ設計

開発が必要となる。

7.4 サステイナビリティ設計

　構造物建設の必要性が提起されると，そのフィージビリティが検討される。この段階の最大の重要課題は必要資金調達の可否である。一般的には，建設コストの概算を基に予算要求して，認められれば1つのプロジェクトが走り出すことになる。建設コストの概算は既往の経験に基づくのが一般的である。経験のないものは，走り始めてからコスト増となることも珍しくない。あるいは，意図的にそのようにする場合もある。換言すれば，プロジェクトのフィージビリティ検討時のコストはかなりの不確実性を含む。

　いずれにしても，そうした情報に基づき，最終的には責任者の判断により構造物の建設プロジェクトがスタートする。構造物建設の最初のステップは，設計である。構造物の現行の設計は，「安全性」や「使用性」に対する要求性能を設定して，設計した断面および構造が要求性能を満足するかどうかを照査することによって行われる。例えば，断面耐力や変形は，それぞれ以下の照査式による。

$$\gamma_i S_d \leq R_d$$

　ここで，S_d は設計断面力または設計限界値，R_d は設計断面耐力または設計応答値，および γ_i は構造物係数である

$$\gamma_i \delta_d \leq \delta_a$$

δ_d は変形設計応答値，δ_a は変形設計限界値，および γ_i は構造物係数である。

　構造物係数は，土木学会コンクリート標準示方書[7.7] において伝統的に用いられてきているが，一般に 1.0 とされている。1.0 以上の値に関する議論はほとんどなされていない。

　この他，耐久性や復旧性もあるが，耐久性は安全性や使用性にかかわる一要素であり，安全性や使用性の前提条件となる。最近注目されているレジリエンスや堅牢性（ロバストネス）についても，安全性の余裕度や力学的破壊メカニズム等によって決まるものであり，照査の基本は同じである。

　耐久性は，構造部材が所要の安全性や使用性が得られるようにサブ設計として扱うことができる。構造物係数 γ_i は，設計限界値や設計応答値の不確実性でカバー

第7章　サステイナビリティ設計

できないものを照査段階で考慮するために導入されているが，実質的にはこの係数の意味があいまいである。本来であれば，設計限界値や設計応答値算定レベルにおいてあらゆる不確実性を考慮すればいいだけである。

　構造物の設計における「安全性」や「使用性」に関する検討は，一定条件の下で相当程度合理的になされていると思われる。設計断面力・変形は，通常，作用外力を想定することで求めることができる。しかし，それらは，あくまで想定した作用に対する解に過ぎない。また，設計断面耐力や設計応答値も，用いる材料の一定のばらつきや断面寸法の想定の下での結果に過ぎない。想定した作用外力が結果として十分でなければ，構造物は破壊や崩壊に至る。そこで，地震被害を受けるたびに，想定する作用外力や構造詳細等を見直して安全性を高める対応を繰り返し行ってきた。しかし，東日本大震災で経験したように，我々が想定することには限界がある。何故なら，作用外力を際限なく大きくすることは経済的にも環境負荷の観点からも現実的でないからである。

　東日本大震災では，社会的側面として，多くの人命が失われ，雇用や生産基盤が失われた。経済的側面としては，インフラ・建築物が破壊され，それらの修復や新設に膨大な費用がかかる。また，生産基盤消失による経済活動が停止したことによる経済損失も甚大である。環境的側面では，自然破壊が発生した。つまり，自然の力が自然を破壊した。地球はこれを繰り返してきた。インフラ・建築物の破壊で発生したがれきの処理にも，膨大な費用が発生する。

　さらに，インフラ・建築物の再興には新たに膨大な資源・エネルギーが必要となる。原子力発電所の崩壊による放射能汚染は環境を負の遺産としてしまっただけでなく，未だに十数万人が避難生活を余儀なくされている。これはきわめて大きな社会的問題である。このように，インフラ・建築物が作用外力に対してどの程度の抵抗力を有しているかが，地域のサステイナビリティに直接関係する。

　原子力発電所について言えば，建屋の耐震設計は機能したが周辺の電源設備が津波で破壊されて冷却水を送ることができなかったと説明されているようであるが，耐震設計の有効性は永遠に検証することはできないと思われる。水蒸気爆発の影響と区別できないからである。原子力建屋は，原子炉のメルトダウンを想定しておらず，したがって水蒸気爆発が起きた場合の建屋の堅牢性の設計など望むべくもない。

120

7.4 サステイナビリティ設計

　このように考えると，人類が工学的に想定していることは相当危うい側面を抱えていることに気付く。我々の耐震設計は機能したと主張する者は，悲しいまでにその想像力を欠くと言わざるを得ない。たかだか100年にも満たない期間で積み上げてきた工学には当然限界があるとする謙虚さを持つ必要がある。それが「新しい」工学を構築するための出発点である。従来，こうしたことについて総合的に突き詰めて考えられることはあまりなかった。ある意味で幸せな時代を生きてきたということであろう。

　サステイナビリティにおける社会的側面の範疇に属する，構造物の安全に対する余裕度は経験で決めてきたが，サステイナビリティの他の側面である経済や環境との関連性についてはほとんど考慮されていない。構造物の安全性の増加は，一般にコストや環境負荷を増大させる。したがって，発注者は，経済性を最も重要視するから，できるだけ安全性の余裕度を小さくしがちである。ところが，予想できない外力に対する，真の経済性や環境負荷低減を考慮すれば，従来とまったく異なる状況が見えてくる。

　例えば，安全性の余裕度を1割増やしても，あるいは耐久性の余裕度を上げても，初期コストの増加は小さい場合もあるし，革新的な技術の導入によって安全度も上がり，コストも低減する可能性もある。環境的側面についても然りである。つまり，構造物のサステイナビリティ設計では，こうした可能性を指向する「新しい」考え方を導入しなければならない。このような考え方を実務レベルに持っていくためには当然多くの障害があると思われる。しかし，基本哲学に基づいて目指すべき方向性が定まれば，あとは時間が問題を解決してくれる。

　構造物のサステイナビリティ設計は，社会的側面としての安全性・使用性等，経済的側面としてのコスト，そして資源・エネルギー，CO_2等の環境的側面を包括的に考える体系とする。その際，人間と地域・地球が持続可能であることを最も重要なことと位置付け，そのために社会，経済，環境のバランスが判断できる評価指標を適切に選択できるものである必要がある。

　構造物の建設コストや環境負荷は，構造物の構造形式や用いる材料等が決まらなければ決まらないので，設計手順としては，各種情報に基づいて要求性能を合理的に設定し，必要な力学的および環境作用を想定し，用いる構造形式や材料ならびに施工法を選択することがスタートとなる。

第 7 章　サステイナビリティ設計

以下に，サステイナビリティ設計の手順を示す。

① 構造物建設プロジェクト実施のための基本情報の収集整理

- 社会的側面（安全性，使用性，アクセス，適応性，健康・快適性，周辺環境への負荷（騒音・振動等），維持管理，材料・サービスの調達，利害関係者関与，雇用創出，人口の変化，文化的遺産，法的制約，等）
- 経済的側面（コスト，財産価値，直接便益，間接的経済効果，外部コスト，等）
- 環境的側面（エネルギー・資源消費（再生エネルギーや副産物利用等も含む），CO_2 等の排出，各種汚染，騒音・振動，水管理，廃棄物管理，土地利用，景観・エコシステム，法的制約，等）
- 複合側面（社会，経済，環境的側面を複合的に扱うための指標，たとえば，安全性増加当たりのエネルギー・資源消費量やコストの増加，コンクリート強度当たりの CO_2 排出量，等）

② 荷重・環境作用の設定

③ 社会的側面としての安全性・使用性の確保のための余裕度 γ_i の設定

- γ_i はサステイナビリティの総合評価にかかわるので，以後，これを「サステイナビリティ係数」と称する。
- 耐久性については，安全性や使用性を維持するための性能であり，これらの前提条件としての検討となる

④ 経済および環境に関する「要求性能」を設定

- 経済的側面：経済性については，標準コストを踏まえた設定とするが，最終的には安全性や環境性との関係で判断すべきもの。
- 環境的側面：環境性については，標準的なエネルギー・資源消費量や CO_2 等からの削減目標を設定するが，最終的には安全性やコストとの関係やライフサイクル性能等から判断すべきもの。法的制約以下の騒音・振動負荷も基本的に同じ。環境影響としては，負荷だけではなく，向上効果の要求も適切に考える。
- 複合評価：採用した評価指標の数値目標を設定する。

⑤ ③および④で設定された要求性能を踏まえて，構造物の構造形式・部材断面寸法・配筋および材料・コンクリート配合・施工法等を選択

122

7.4 サステイナビリティ設計

⑥ 断面力,断面耐力,変形等を算定
⑦ 安全性,使用性の照査を実施
⑧ 経済性能の算定と照査
- 経済要求性能を満足すれば,環境性能の算定へ進む
- 経済性能が要求を満足しない場合,条件を変更するかどうかの判断を行う。

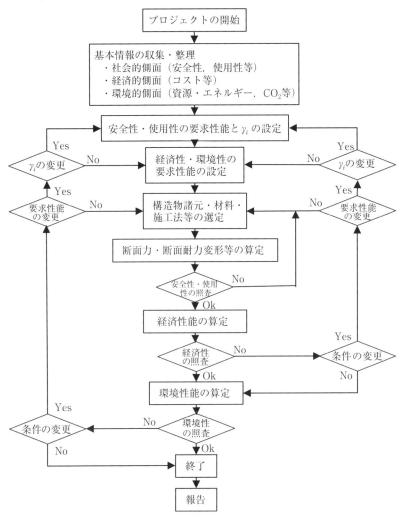

図-7.1 サステイナビリティ設計フロー図

第 7 章　サステイナビリティ設計

- 経済要求性能を満足しなくてもよいとする場合は，環境性能の算定へ進む。
- 条件を変更する場合は，⑤，④，③へ戻る選択肢がある。

⑨　環境性能の算定と照査

- 環境要求性能を満足すれば，終了する。
- 環境性能が要求を満足しない場合，条件を変更するかどうかの判断を行う。
- 環境要求性能を満足しなくてもよいとする場合は，環境性能の算定へ進む。
- 条件を変更する場合は，⑤，④，③へ戻る選択肢がある。

⑩　全体を総合的に判断して，必要があれば γ_i を変更して最初からの手順を繰り返して，最適化を図る。

⑪　上記検討内容における以下の項目を報告する。

- サステイナビリティ係数
- 標準コストと最終コスト（削減量，増加量，コスト増大を許容する理由，等）
- 環境影響量（エネルギー・資源使用量，環境負荷削減量（CO_2 等），環境負荷増大を許容する理由，等）

図-7.1 に，これらの手順のフローを示す。

7.5　サステイナビリティ設計の効果

　サステイナビリティ設計は，社会的側面，経済的側面，および環境的側面，あるいは複合側面に関する要求性能を設定し，それらが満足される構造形式・材料・施工法等を決定することを基本とするが，必ずしもそれらが同時に満足されるとは限らず，最終的には構造物建設プロジェクト実施で実現されるサステイナビリティの総合的な判断により決定される。従来もそうした判断がなされてきたと主張することもできないわけではないが，大きな違いは，要求性能を安全性や使用性だけではなく，経済性や環境性に関する要求性能をも明確にしてその実現の可能性を検討し，サステイナビリティとの関係で定量的にそれらの最終的な位置づけを明確にすることにある。

　従来も，例えば経済的側面では VE 等でコスト削減の提案も行われてきた。しかし，そうした要求は特別な場合であり，かつコスト削減のみが目標となり，安

124

全性・使用性や環境性との関連で総合的な評価は行われてこなかった。安全性の余裕度を増加することは，一般に困難である。それは，経済性や環境性との関係が明確に考慮されていない設計ガイドラインや示方書に従う必要があるからである。

　現在，環境負荷削減についての検討はきわめて限定的であるが，これは，歴史的に，建設分野は安全性にのみ注力した設計体系を築いてきた結果であり，地球の環境容量が十分あった時代の考え方が持続していることによる。しかし，地球の資源・エネルギーが限られていることが明確になり，温暖化ガスの問題も顕在化している状況の中で，最も多く資源・エネルギーを消費して，地球温暖化の主要プレーヤーである建設関連産業が「古い」工学を堅持することはできない。「新しい」工学を構築するために，従来の構造物設計フレームを再構築して，環境負荷の状況を常に把握しなければいけない状況を作ることが，環境負荷低減のための技術開発に大きな影響を与えることは間違いない。そうしたプレッシャーと明確な要求がなければ，技術開発の方向性が定まらない。

　サステイナビリティ設計では，安全の余裕度の検討にまで踏み込んだ。これは，構造物の設計における機械的な安全率設定で終わらせるのではなく，作用外力の不確実性配慮について，コストや環境負荷との関係で判断できるようにするためである。このような設計枠組みは，地域や地球のサステイナビリティを構造物建設事業からも考えることに相当する。最近，重要なキーワードとなっているレジリエンスやロバストネスは安全性の余裕度と破壊メカニズム等との関連で定義されるべきものである。

7.6　サステイナビリティ要素の相互関係に関する数値計算例[7.9)]

7.6.1　数値計算の前提条件

　サステイナビリティ設計の意味を理解するためには，サステイナビリティ要素である，安全性，環境性，および経済性に関する相互関係を明らかにするのが有効である。本節では，こうした観点から，**図-7.2** に示す鉄筋コンクリート（RC）単純梁を対象とした数値計算例を示す。なお，問題を単純化するために，ここでは施工・運搬にかかわることは考慮していない。

第 7 章　サステイナビリティ設計

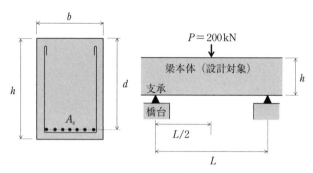

図-7.2　検討対象 RC 梁

荷重は梁スパン中央に集中荷重 200 kN を作用させた．環境条件として，Case1 は塩化物イオンが飛来しない通常の屋外の環境状況を想定し，コンクリート表面塩化物イオン濃度 C_0 を 0 kg/m^3 とした．一方，Case2 は鋼材の腐食が生じやすい環境を想定し，C_0 を 4.5 kg/m^3 とした[7.7]．また，供用年数はすべての場合において 50 年とし，この期間鉄筋腐食が生じないようにかぶりを式 (7.1) により算出し，梁の有効高さを変化させた．ただし，Case1 のかぶりは，コンクリート標準示方書[7.7]で定められた最小かぶり 40 mm とした．**表-7.1** に各 RC 梁の水準を示す．

$$C_d = C_0 \left[1 - erf\left(\frac{c}{2\sqrt{D_d t}}\right) \right] \tag{7.1}$$

ここで，C_d は塩化物イオン濃度，c はかぶり，D_d は見かけの拡散係数の設計用値，t は時間，erf は誤差関数である．

この式において，設計耐用期間である 50 年以内において C_d が腐食発生限界塩化物イオン濃度に達しないようにかぶり c の値を求めることになる．

設計曲げ断面耐力（M_{ud}）は，コンクリート標準示方書[7.7]に基づいて式 (7.2) により求める．

表-7.1　RC 梁の諸元

Cases	C_0 (kg/m^3)	L (m)	b (m)	h (m)
1	0	10	0.45	0.6
2	4.5	10	0.45	0.6

7.6　サステイナビリティ要素の相互関係に関する数値計算例

$$M_{ud} = A_s f_{yd} d \left(1 - \frac{p}{1.7} - \frac{f_{yd}}{f_{cd}} \right) / \gamma_b \tag{7.2}$$

ここで，A_s は引張鋼材の断面積，f_{yd} は引張鋼材の設計降伏強度，d は有効高さ，p は引張鋼材比，f'_{cd} はコンクリートの設計圧縮強度，γ_b は部材係数（＝ 1.1）である。

また，設計せん断耐力（V_{yd}）は式（7.3）により求める。

$$V_{yd} = \beta_d \beta_p \beta_n f_{vcd} b_w d / \gamma_{b1} + A_w f_{wyd} / s_s z / \gamma_{b2} \tag{7.3}$$

ここで，$\beta_d = \sqrt[4]{1\,000/d}$，$\beta_p = \sqrt[3]{100 p_v}$，$\beta_n = 1 + 2M_0/M_{ud}$，$f_{vcd} = 0.20\sqrt[3]{f'_{cd}}$，$b_w$ は腹部の幅，d は有効高さ（mm），A_w は区間 s_s におけるせん断補強鉄筋の総断面積，s_s はせん断補強鉄筋の配置間隔，$z = d/1.15$，$p_v = A_s/(b_w d)$，M_0 は設計曲げモーメントに対する引張縁において軸方向力によって発生する応力を打ち消すのに必要な曲げモーメント，M_{ud} は軸方向力を考慮しない純曲げ耐力，γ_{b1} は部材係数（＝ 1.3），γ_{b2} は部材係数（＝ 1.1）である。

なお，曲げ破壊が先行するようにせん断補強鉄筋（スターラップ）を配置する必要があるが，以下に示す数値計算では，せん断補強鉄筋は構造細目で定められているものが配置される。

断面破壊に関する安全性の照査は次式となる。

$$\gamma_i S_d \leq R_d \tag{7.4}$$

ここで，S_d は設計断面力または設計限界値，R_d は設計断面耐力または設計応答値，および γ_i はサステイナビリティ係数である。

式（7.4）に用いられる γ_i を増加させれば，それに応じて断面耐力（限界値）を増加させることになり，断面破壊に対する安全性の余裕度が増すことを意味する。

表-7.2 に，数値計算で用いるコンクリートの配合を示す。これは，ある工場

表-7.2　コンクリートの配合

配合名	セメントの種類	圧縮強度 (N/mm²)	W/C	単位量（kg/m³）				
				W	C	S	G	Ad
OPC50	普通ポルトランドセメント	30	0.48	157	328	783	1 071	0.82
OPC40	普通ポルトランドセメント	40	0.395	162	411	688	1 081	1.03
BB50	高炉セメントB種	30	0.47	156	332	764	1 076	0.83
BB40	高炉セメントB種	40	0.385	161	419	672	1 081	1.05

第7章　サステイナビリティ設計

で実際に使用されているレディーミクストコンクリートの配合である。セメント
は普通ポルトランドセメント，高炉セメントB種の2種類とし，それぞれにお
いてコンクリートの圧縮強度の特性値，すなわちレディーミクストコンクリート
の呼び強度を30と40の2種類に設定し，対応するW/Cの配合表記をそれぞれ
50および40とする。

　環境的側面としてのCO₂排出量については，インベントリ分析を行い評価した。
インベントリ分析では，土木学会の環境指針[7.8]に基づくデータを使用した。表
-7.3に使用した構成材料のCO₂排出量原単位を示す。また，表-7.4および表
-7.5は，それぞれ数値計算で用いたレディーミクストコンクリートおよび鉄筋
の単価を示す。

表-7.3　構成材料のCO_2排出量原単位

材　料	CO_2 (kg–CO_2/t)
普通ポルトランドセメント	766.6
高炉セメントB種	458.7
フライアッシュA種	624
粗骨材	2.9
細骨材	3.7
化学混和剤（リグニン系）	123
電気炉鋼	767.4

表-7.4　レディーミクストコンクリートの単価

配合名	単価（円 /m³）
OPC50	13 300
OPC40	14 750
BB50	13 500
BB40	15 150

表-7.5　鉄筋の単価

規格	降伏強度（N/mm²）	単価（円 /kg）
SD345	345	65

7.6 サステイナビリティ要素の相互関係に関する数値計算例

7.6.2 数値計算結果

(1) Case1-OPC50 の場合

Case1 の OPC50 の場合において，サステイナビリティ係数を 1.0 ～ 1.5 の範囲で変化させたときの CO_2 排出量およびコストの変化率を**図-7.3** および**図-7.4** に示す．

サステイナビリティ係数が 1.1 の場合，CO_2 排出量は約 2.1%，コストは約 3.1% 増加し，サステイナビリティ係数が 1.5 の場合，CO_2 排出量は約 10.8%，コストは約 16.0% 増加する．

図-7.3 γ_i - コスト - CO_2 変化率関係 (Case1-OPC50)

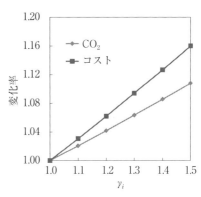

図-7.4 γ_i - コスト/CO_2 変化率関係 (Case1-OPC50)

(2) Case1-BB50 の場合

Case1-1 の BB50 の場合において，サステイナビリティ係数を 1.0 ～ 1.5 の範囲で変化させたときの CO_2 排出量およびコストの変化率を**図-7.5** および**図-7.6** に示す．

サステイナビリティ係数が 1.1 の場合，CO_2 排出量は約 3.0%，コストは約 3.0% 増加し，サステイナビリティ係数が 1.5 の場合，CO_2 排出量は約 15.9%，コストは約 15.8% 増加する．

第 7 章　サステイナビリティ設計

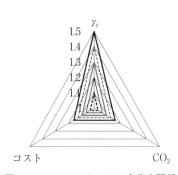

図-7.5　γ_i - コスト -CO_2 変化率関係
　　　（Case1-BB50）

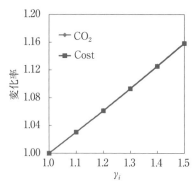

図-7.6　γ_i - コスト／CO_2 変化率関係
　　　（Case1-BB50）

(3)　Case2-OPC40 の場合

Case2 の OPC40 の場合において，サステイナビリティ係数を 1.0 ～ 1.5 の範囲で変化させたときの CO_2 排出量およびコストの変化率を**図-7.7** および**図-7.8** に示す。

サステイナビリティ係数が 1.1 の場合，CO_2 排出量は約 1.7％，コストは約 2.8％増加し，サステイナビリティ係数が 1.5 の場合，CO_2 排出量は約 8.8％，コストは約 14.3％増加する。

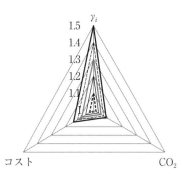

図-7.7　γ_i - コスト -CO_2 変化率関係
　　　（Case2-OPC40）

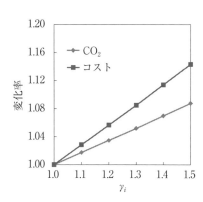

図-7.8　γ_i - コスト／CO_2 変化率関係
　　　（Case2-OPC40）

(4) Case2-BB40 の場合

Case2 の BB40 の場合において，サステイナビリティ係数を 1.0 ～ 1.5 の範囲で変化させたときの CO_2 排出量およびコストの変化率を**図-7.9** および**図-7.10** に示す。

サステイナビリティ係数が 1.1 の場合，CO_2 排出量は約 2.5％，コストは約 2.7％増加し，サステイナビリティ係数が 1.5 の場合，CO_2 排出量は約 12.8％，コストは約 13.8％増加する。

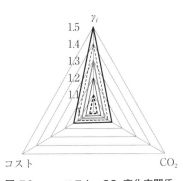

図-7.9　γ_i - コスト - CO_2 変化率関係（Case2-BB40）

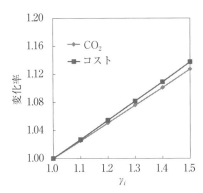

図-7.10　γ_i - コスト／CO_2 変化率関係（Case2-BB40）

7.6.3 数値計算結果の評価

数値計算結果から，サステイナビリティ係数を 1.1 ～ 1.5 に設定すると，CO_2 排出量が 1.7 ～ 15.9％増加し，コストが 2.7 ～ 16.0％増加する結果となった。サステイナビリティ係数は安全性の余裕度を表すが，実際にこれをどう設定するかは，構造物に求められる条件によって異なる。しかし，安全性の余裕度を増すことで，サステイナビリティの他の要素であるコストや環境的側面に影響する。要求性能の設定にはこうした関係を考慮した総合的な判断が必要になる。

なお，本数値計算では問題を単純化しているが，実際には施工法や構造形式，あるいは用いる材料等が結果に大きく影響することは言うまでもない。実際には，サステイナビリティを構成する 3 つの側面に関する要素を適切に抽出して，それらについての定量的な評価をすることが最低要件となる。また，設定した要求性

能を満足するために，さまざまな選択肢の検討による最適解の追求や，場合によっては技術開発を実施することも考えられる．

7.7 サステイナビリティ設計と技術開発

7.6節では，鉄筋コンクリート単純梁を対象に，その安全性，コスト，環境負荷としてのCO_2について検討したが，計算は構造体に限定し，その他のライフサイクル段階である施工等にかかわる事項については無視した．しかし，実際には，ライフサイクルの観点から合理的な構造形式およびその施工法や維持管理手法を決定しなければならない．一般的には，構造物建設プロジェクトを計画・実施するには，与えられた条件に基づいて標準的な構造形式や施工法が考えられる．もしそれらを踏襲すれば，7.6節で示したように，安全性の余裕度の増加は，一般的にはコストおよび環境負荷を増加させる．

しかし，構造形式や施工法の革新を図ることで，安全度の余裕度を増加させても，コストや環境負荷を標準的なもの以下に抑えることも可能である．その概念図を，図-7.11に示す．

ケース①は，安全性を増加させると，単純にコストや環境負荷は増加することを意味する．ケース②は，安全性を増加させてもコストや環境負荷の増加を招かない領域が存在することを示す．理想的には，ケース③のように，安全性を増加

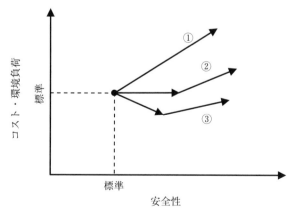

図-7.11　安全性とコスト・環境負荷の関係

させてもコストや環境負荷の増加を招かない材料，構造形式および施工法が望ましいことは言うまでもない。これを実現するには構造形式や材料ならびに施工法を一体的に考えて最適なものが実現するような技術開発が必須となる。

◎参考文献

7.1) 国土交通省　http://www.mlit.go.jp/sogoseisaku/sosei_point_mn_000011.html

7.2) Koji Sakai and Takafumi Noguchi：The sustainable use of concrete，CRC PRESS，2013

7.3) データブックオブ・ザ・ワールド 2014，Vol.26，二宮書店

7.4) *fib*：*fib* Model Code for Concrete Structures 2010

7.5) ACI：Building Code Requirements for Structural Concrete，318–14，2014

7.6) ISO：ISO 13315–1:2012 Environmental management for concrete and concrete structures － Part 1:General principles

7.7) 土木学会：コンクリート標準示方書［設計編］，2012

7.8) 土木学会：コンクリート構造物の環境性能照査指針（試案），コンクリートライブラリー 125，2005

7.9) Hiroshi Yokota，Shunichiro Goto and Koji Sakai：Parametric analyses on sustainability indicators for design，execution and maintenance of concrete structures．Proceedings of 2nd International Conference on Concrete Sustainability，ICCS 16，2016

第**8**章
サステイナビリティ評価
−ケーススタディ−

8.1 概 要

　本書で紹介したように，近年 LEED や CASBEE 等による建築物の広義の環境評価がなされるようになってきており，そのこと自体は望ましい。しかし，そのほとんどは性質の異なる多くの項目に一定の重みをつけて評価しているために，必ずしも個々の事項について，あるいはそれらの相関についての本質的な意味が明確になっていないきらいがある。

　構造物をサステイナビリティの観点で評価する場合，対象とする構造物の特徴，その社会的な役割の原点に戻って考えることが重要となる。構造物のサステイナビリティの本質をとらえるには，既存の構造物やシステムを多面的に分析評価することが有益である。以下に，こうした観点からのサステイナビリティ評価に関するケーススタディを示す。なお，これらのケーススタディでは，定量的な評価は実質的に困難であるため，一部を除いて定量化する前段の定性的な評価に留まる。しかし，評価に必要なデータが取得されればその定量化はさほど難しいものではない。

8.2 小樽港防波堤 [8.1)]

8.2.1 概 要
　近代セメントの歴史は，18 世紀中庸に起きた産業革命から約半世紀後の 1824

年にイギリスの J. Aspdin がセメント製造の発明をしたことに始まる。つまり，セメントの歴史は 200 年に満たない。日本で実質的にセメントが製造されたのは明治 8（1875）年である（注：明治 6 年に東京・深川にセメント製造工場が建設されている）ので，日本のコンクリートの歴史は約 140 年である。

当然，日本がセメントを生産し利用した当初は手探りで多くの失敗を重ねたであろうことは容易に想像できる。しかし，問題を克服する努力をして日本のコンクリート技術の曙を拓いたのは小樽築港工事を指揮した廣井勇である。廣井のコ

図-8.1　小樽港北防波堤（北海道開発局提供）

図-8.2　100 年以上を経て堅牢な姿を見せるコンクリート斜塊（北海道開発局提供）

ンクリート防波堤は100年を経て未だその機能を果たしている（**図-8.1**）。土木構造物の設計寿命は，50年あるいは100年と言われるが，実際にはさまざまな要因でそれほどの寿命はない。そもそも，日本の本格的なコンクリートの利用から100年も経っていないのであるから，そうした設計寿命を想定したとしてもその妥当性を検証すること自体無理がある。しかし，コンクリート技術の基本を忠実に実行すれば，少なくとも100年の寿命は期待できることを，過酷な環境にある小樽防波堤（**図-8.2**）は示している。

8.2.2 日本における初期のコンクリート技術[8.2)]

明治8（1875）年にセメント製造が開始されていたが，当時セメントが実際に使用された物件は少ない。明治22（1889）年に，横浜港で防波堤建設工事が開始された。その防波堤構造は，コンクリートブロック積み混成堤であった。工事は，当時一般的であった「お雇い」外国人の指導によって行われた。ところが，明治25（1892）年に多数のブロックにひび割れが発生する「事件」が発生した。政府は，翌年原因究明のための調査委員会を設置した。調査の結果，①セメントに問題はなかった，②砂に対するセメントの分量が少なかった，③割栗石が大きかったために空隙があった，④突固めが不十分であった，⑤ブロック製造後の処理が悪かった（乾燥が生じた）ことが明らかになり，それ以降これらに対する対策が取られている。

その後，明治29（1896）年から明治32（1899）年にかけて，函館港改良工事が行われた。この工事は，それに先立つ明治23（1890）年に北海道庁技師を兼任した札幌農学校教授の廣井の調査・設計に基づいて行われたものである。廣井は，セメントの仕様を明確に示し，コンクリートの突固めや養生等，その製造に関する詳細な検討も行っている。また，工事中に，①コンクリートの養生と海水中での亀裂の発生，②コンクリートの強度に及ぼす練混ぜ水量の影響，③コンクリートの突固め法の違いの強度に及ぼす影響，④コンクリートの強度に及ぼす材齢の影響，⑤砂の粒径のコンクリート強度に及ぼす影響についての検討を行っている。これらの検討は，現在のコンクリート技術の基本を成すものであり，廣井の工学者としての慧眼に敬服する。

当時の築港工事は，国家として最も重要なインフラ整備の一つであった。横浜

第8章　サステイナビリティ評価ケーススタディ

港でのひび割れ事件や函館築港工事の経験が日本におけるコンクリート技術の端緒となり，次への大きなステップとなった。

8.2.3　廣井勇が拓いた日本のコンクリート技術

廣井の軌跡については高崎哲郎の名著[8.3)]があり，堺も紹介する機会を持った[8.4)]。最近では，関口信一郎が技術者・教育者・キリスト教徒としての廣井の業績を明らかにしている[8.5)]。詳しくはこれらを参照していただきたい。

廣井は，米国で実務についた後，北海道庁の命で英仏独各地を回って，明治22（1889）年に帰国し，札幌農学校教授に就任した。27歳であった。おそらく，当時日本にこれだけの人材はいなかったと思われる。帰国の翌年には，前述のように，北海道庁技師として函館港の防波堤建設の調査・計画書を書いている。ここから，廣井のコンクリートとの格闘が始まる。

小樽港は，明治初期から北海道開拓の玄関口として重要な役割を果たしていたが，明治30（1897）年には明治政府により国際貿易港として指定された。そうした背景で，廣井は，明治30（1897）年に札幌農学校教授を退任して，小樽築港事務所長に就任する。実は，廣井は，北海道庁長官に小樽港の整備を訴えて，政府にその必要性を認めさせていたのである。

廣井は明治41（1908）年6月に，当時の北海道庁長官・河島醇に「小樽築港工事報文[8.6)]（以下，工事報文と略）」を提出している。廣井は，小樽築港事務所長の就任の2年後の明治32（1899）年に東京帝国大学教授に就任していたが，工事報文を提出後，北海道庁技師を退任している。つまり，北防波堤の建設に一区切りをつけて，明治32（1899）年に東京帝国大学土木工学科を卒業して北海道庁に任官した伊藤長右衛門に小樽築港事務所長を引き継いだ。

工事報文は，工事沿革・築港工事設計・工費予算・規定・施工の概況・工費・工場・工事用機具・工事用材・防波堤工事・職員および工事関係人について詳細に記述されている。

コンクリートブロック製造では，材料として火山灰を用いている。工事報文で，「セメントに火山灰を混用するは第一期工事に於ける各種の試験成績竝実施の結果に徴し有効なるを以て本工事に於いても此れを混用セリ」と記されている。火山灰は明治35（1902）年から用いられており，製造した本堤塊や捨塊等のコン

138

クリートブロックの数は，1万1427個にも及んだ。

廣井は，モルタルの抗張力試験により火山灰の有効性を確認したのであるが，抗張力試験用供試体は，北防波堤着工前年の明治29（1896）年から，前述の伊藤長右衛門が道庁を退職した翌年の昭和12（1937）年まで作られた。セメント，火山灰，および細骨材の種類や保存条件（空気中，海水中，淡水中）の組み合わせで，その総数は約6万個とされる。

堺らは，日本のコンクリート技術の黎明期を拓いたこの貴重な情報を再評価し，先人の足跡に学び未来を考えるために，小樽港百年耐久性試験についての調査を行い，それらの総合評価を行った[8.7]。

総合評価の概略は以下のとおりである。

① モルタルの経時的強度の増加は，セメントの粗粒に起因する水和反応の持続および火山灰のポゾラン反応効果であり，その低下は，水和およびポゾラン反応の低下あるいは停止，水和生成物あるいはCa溶脱による組織の粗大化，エトリンガイトの生成による微細ひび割れの発生，種々の化学・物理作用によるC–S–H構造の弛緩・脆化などの複合効果である（注：モルタルブリケットの抗張力は，条件によって異なるが，最長50年程度で低下し始めている）。

② モルタルブリケットによる挙動は，防波堤コンクリート表面部の長期挙動をシミュレートしていると考えられる。

③ 防波堤コンクリートは，表層50～100 mm程度の範囲まで海水の影響を受けていると考えられるが，内部コンクリートの圧縮強度試験の結果から，現在も健全な状態にあると評価できる。

④ コンクリートはしかるべき品質が確保されればかなり過酷な環境下においても1世紀程度はきわめて健全な状態で利用可能である。

小樽港で用いられたコンクリートの特徴は，単位水量が少ないこと，十分な突固めが行われたこと，そしてセメントが粗粒であったことである。単位水量が少なければ，水の残存による余分な空隙が少なくなる。十分な突固め（締固め）は基本中の基本である。現在のセメントのように微粒なセメントは，初期強度発現には都合がいいが，長期的な強度発現の観点から言えば必ずしも適当とは言えない。初期強度が確保できれば，セメントとしては粗粒でビーライト系のものが望ましい。

第 8 章　サステイナビリティ評価ケーススタディ

北防波堤の工事は明治 41（1908）年にその第一期工事が終了したことを考えれば，現在，北防波堤の最も新しいコンクリートでもその材齢は 108 年になる。初期のコンクリートは，120 年にならんとしている。

8.2.4　サステイナビリティ評価

小樽港北防波堤の建設は明治 30 年に始まり 10 年の歳月を経て完成し，現在に至るまでその機能を果たしている。したがって，以下のように，本防波堤はサステイナビリティ設計が行われ，成功した例と言える。

第一に，これだけ長期にわたり利用できるコンクリートを開発し，防波堤を造ったことで，小樽港の長期にわたる港湾活動を可能にし，もって地域および日本の社会・経済活動の発展に大きな貢献をした。

第二に，コンクリートブロック製造において，火山灰を利用することで耐久性を向上させ，かつセメントの使用量を低減し，コストを抑えることに繋がった。明治政府は，この防波堤の社会的便益を考慮して必要なコストを負ったが，建設による便益は計り知れない。

第三に，100 年も利用可能な構造物を建造したことは，資源・エネルギー消費を最小化できたことを意味する。

つまり，10 年の歳月と当時のお金で 118 万 9 066 円の費用をかけて，100 年以上にわたって小樽港を形成してきた防波堤は，港のサステイナビリティの要としての役割を果たしてきた。換言すれば，コンクリートの堅牢性と長寿命による港湾機能の確保が，小樽・北海道・日本の社会・経済の発展を可能にしてきたのである。小樽北防波堤は，まさにサステイナブル構造物であり，その機能が社会のサステイナビリティにきわめて大きな貢献をしてきたと評価できるのである。当然，小樽防波堤は適切な維持管理が行われてきていることは言うまでもない。

8.3　首都高速道路

8.3.1　概　要

東京の首都圏 50 km 圏内の人口は 3 000 万人を超える。また，首都圏には政治，経済，社会の活動の中枢機能のほとんどが集中し，我が国をけん引している地域

140

になっている。このような地域においては，交通網，とくに高速道路（自動車専用道路とも言い替えられる）網の有機的な整備が不可欠である。このような交通網が十分に整備されてない地域，例えば，マニラ，ジャカルタ，ヤンゴン等の経済発展が著しい国々の首都圏の状況を垣間見ても，そこでの交通渋滞はすさまじいものがある。これが数々の問題を引き起こし，ひいては相当な経済損失につながっていることは疑いの余地がない。

　首都圏のように高度に人と情報が集積している大都市圏において，経済・社会活動および住民の生活のサステイナビリティを確保するには，物流ネットワークの計画的な構築が必要となる。その最も顕著な事例が我が国の首都高速道路である。きわめて効率的な人の移動および物流の確保のために多くの路線が，これ以外の道路との連携も図られながら道路物流・人流システムとして構築されている。人流・物流の効率化を図ることで，経済的側面のみならず，環境的側面でのそれも，たとえば，車両からのCO_2，NO_x，SO_x，PM2.5等の排出削減を通して社会のサステイナビリティが確保されることになる。

　首都高速道路は，昭和 39（1964）年の供用開始から 50 年にわたって首都圏の発展，さらには我が国の発展に大きく貢献してきた。こうした道路ネットワークがなければ首都圏や我が国がここまで発展しなかったことは明らかである。特に，東京国際空港，東京港や川崎港，横浜港という物流拠点のネットワーク，首都圏への人，もの，情報の流入および流出等を効率的に機能させる上できわめて大きな役割を果たしてきた。しかし，これらの一翼を首都高速道路が担っていることを，社会がどの程度認知しているか疑問である。また，認知しようとしても，首都高速道路運営側が，何らかの指標を用いて客観的かつ定量的に示すことを十分に行ってこなかったので，その重要性を明確に理解することは必ずしも容易ではない。持続可能な社会においては，効率的なネットワークの形成が必須である。こうした事実をサステイナビリティの観点から評価することが重要である。

8.3.2　道路ネットワークの現況

　首都高速道路の 2015 年 6 月末現在の総延長は 310.7 km で，**図-8.3** に示すとおり，高架橋 239.1 km（77%），トンネル 37.3 km（12%），半地下 18.9 km（6%），その他 15.4 km（5%）から構成されている[8.8]。構造物の比率が 95% ときわめて

第8章 サステイナビリティ評価ケーススタディ

<道路構造別道路延長>

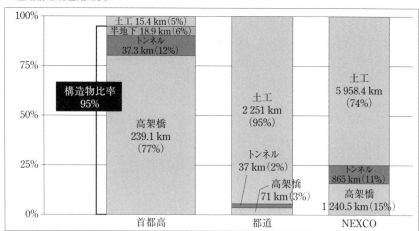

首　都　高：2015.4時点
都　　　道：2007.4時点(東京都建設局HPより)
NEXCO：2014.4時点(高速道路便覧2014より)

図-8.3　構造別道路延長（首都高速道路株式会社提供）

高く，これは他の道路と比べて著しく異なる点である。

首都高速道路の2014年度の利用交通量は94.4万台/日である。その内，大型車の交通量が約1万8000台/日に達している。これは，東京23区内の地方道の約5倍の交通量となっている。そのことが，経年劣化の進行を促進させており，きめ細かな対応が必要である最大の要因ともなっている。

図-8.4は首都高速道路の構造物の年齢分布を示したものである。総延長310.7 kmのうち，開通から50年以上経過した構造物は現在32.8 kmで全体の10.6％を，40～49年経過したそれは75 kmで全体の24.1％を占めている。このように，今後10年後には50年以上の構造物が34.7％まで増大することから高齢化が一段と進行する。したがって，サステイナビリティの観点からも計画的な改築，修繕，維持等を行うことで，高速道路網の機能を維持することがきわめて重要となる。

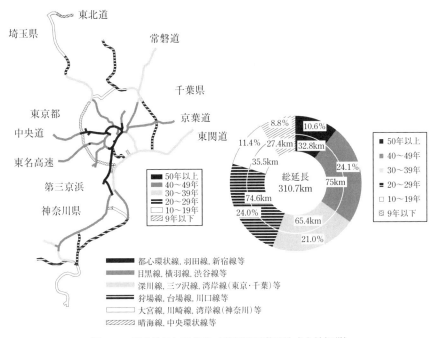

図-8.4　構造物の年齢分布（首都高速道路株式会社提供）

8.3.3　首都高速道路の運用と課題

　首都高速道道路株式会社は，2005年10月1日に首都高速道路公団を承継して設立された．設立当初の半年を除外した2006事業年度以降の事業計画[8.9)]に基づいて作成した高速道路新設・改築費，高速道路修繕費，高速道路管理費のそれぞれが支出総額に占める割合を図-8.5に示す．ここで，高速道路新設・改築費は新設・改築費，一般管理費，支払利息等の合計，高速道路修繕費は修繕費，一般管理費，支払い利息等の合計，高速道路管理費は道路維持費，道路業務管理費，一般管理費の合計である．なお，2016年度の高速道路新設・改築費と高速道路修繕費には，それぞれ高速道路特定更新等工事費を含んでいる．

　首都高速道路の新設・改築に充当する支出は，事業年度ごとにいくらかの変動はあるものの，全支出のおおむね25〜37%を占めている．2012事業年度以降その割合は低下の傾向を示してきたが，2016事業年度は，横浜市道高速横浜環状北線等計5路線18.9 kmの新設，都道首都高速5号線（板橋熊野町JCT間改良）

第 8 章　サステイナビリティ評価ケーススタディ

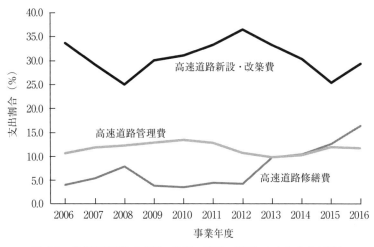

図-8.5　首都高速道路の新築・改築，修繕，管理にかかわる支出割合

0.5 km 等の改築，都道首都高速 1 号線（東品川桟橋・鮫洲埋立部）1.9 km 等の大規模更新が計画されていることにより増加に転じた。通常の維持管理を含む高速道路管理費は，10 〜 13％程度でほぼ一定の割合を占めている。一方，高速道路修繕費は，維持，修繕，災害復旧その他の管理を含むものであり，2013 事業年度までは 10％以下であったが，近年その割合が上昇する傾向を示している。とくに 2016 事業年度は，都道首都高速 3 号線（池尻・三軒茶屋出入口付近）1.5 km 等の大規模更新，都道首都高速 1 号線など計 18 路線 55.2 km の大規模修繕が計画されていることにより，16％を超えている。このように，建設後 50 年以上経過し，劣化，損傷等の変状によって機能の喪失につながることへの懸念に対応する業務の比重が増加しつつあることが見て取れる。

　首都高速道路を構成する土木構造物に対するこれらの対応を具体的に示してみる。2014 事業年度の補修等の対策は[8.10]，緊急対応が必要な損傷と判定された 1 837 箇所，計画的に対応する損傷と判定された 4 万 4 605 箇所について実施されている。それでも，2014 年度末では計画的に対応すべき損傷が 9 万 4 997 箇所残されており，今後も継続した取組みが計画されている。また，現在実施中の主な改築予定道路として，改築事業に 237.5 百万円（2006 年 4 月〜 2028 年 3 月完了予定），特定更新等工事に 722.6 百万円（2014 年 12 月〜 2029 年 3 月完了予定）

がリストアップされている。

一方，首都高速道路株式会社では，今後生じるこのような大規模な更新・修繕を含むインフラの機能維持のためにインフラ長寿命化計画（行動計画）[8.11] を2015年3月31日にとりまとめている。抜粋・要約すれば以下のとおりである。

インフラの状況に応じて，予防的な観点をとり入れ，損傷した構造物の性能・機能を回復するとともに，新たな損傷の発生を抑制し，構造物の延命化を図る必要がある。点検・診断においては，立地条件や構造に応じて適切な手法・頻度できめ細かな巡回点検や接近点検等を実施し，道路の損傷等を早期に発見し，発見した損傷等は度合いにあわせてランク分けし，緊急対応が必要な損傷はただちに応急または恒久措置を実施するとともに，その他の損傷は優先度を設定し，計画的に補修・補強を実施する。大規模更新では，長期の耐久性を確保し維持管理が容易な構造に更新し，更新に併せて渋滞緩和や走行安全性の向上等，道路機能の強化を図るとともに，周辺まちづくり（都市再生）と連携した更新について検討を進めていく。大規模修繕では，橋梁単位で全体的に補修を行うことにより，新たな損傷の発生・進行を抑制しつつ長期の耐久性を向上させる。

建設後長期間経過したインフラがますます増えていく現在において，大規模更新や大規模修繕を計画的に実践していくことは，我が国における同様の取組みのパイロット的な位置づけになると言える。

8.3.4 高速道路事業のサステイナビリティ評価

高速道路には，都市部道路と都市間を結ぶ道路がある。都市間を結ぶ道路のサステイナビリティ評価は都市部道路のそれと異なる要素があるため，ここでは主に首都高速道路に注目することにする。

首都高速道路は，半世紀にわたって日本の首都の社会経済活動を支えてきた。首都高速道路建設の多くは公的資金や道路債券の投入によって首都高速道路公団が担っていたが，2005年の民営化に伴い，それまでの債務や道路施設を独立行政法人日本高速道路保有・債務返済機構が引き継ぎ，首都高速道路株式会社は道路施設を借り受けて運用し，賃貸料を同機構に支払う道路運営構造となっている[8.12]。詳細が不明であるので，確かなことは言えないが，おそらく公団時代にあっ

たであろう巨額な債務を考慮すれば，首都高速道路株式会社としての道路の現状の維持と将来の投資のための資金調達は，最も重要かつ難しい問題と思われる。首都高速道路のサステイナビリティを評価するには，そうした情報が欠かせない。何故なら，首都高速道路の重要性と必要コストは，さまざまな制約の中で国の中枢機能を確保するために一民間企業が対応するのはきわめて困難であると思われるからである。首都高速道路，ひいては日本のサステイナビリティのために新たな視点が必須である。

　一方，首都高速道路の安全性の観点から見れば，高架橋を主体とする高速道路システムにも弱点がある。こうしたシステムは，地震等の災害が発生した場合，きわめて大きな影響を受ける。首都圏そのものに大きな地震被害は発生しなくても構造物の安全確認等のために通行止めにせざるを得ない期間が生じる。地震による道路ネットワークの崩壊が経済や社会活動に与える影響はきわめて大きなものがある。幸いこれまで首都高速道路に地震による致命的な被害は発生しておらず，1964年の整備以降度重なる耐震設計基準の改訂に伴う補強工事等が適切に行われたことで，一応の安全性が保たれてきたと言える。しかし，今後来襲が想定される南関東直下地震あるいはそれ以上の地震や津波に対しても，構造物の総合的な安全余裕度を高めておくことを真剣に考える必要がある。そうしたことは，地震が起きてもより早期の復旧が可能となり，首都圏のレジリエンスを高める。

　道路構造物は，「道路橋示方書」等に基づいて行われている。これらは，長い間に積み上げられてきた経験に基づく技術的背景を有しているが，社会のサステイナビリティにおける重要性に鑑みて，コストや安全性の余裕度が明示的に示されるサステイナビリティ設計の枠組みに基づいて包括的に考える必要がある。「大規模な更新・修繕を含むインフラの機能維持のためのインフラ長寿命化計画（行動計画）」を実施する場合，そうした視点が必須である。サステイナビリティに対する配慮は，新設される構造物ではもちろんのこと，供用中の構造物に対しても十分に適用できるものである。とくに劣化して機能や性能が十分でない構造物に対して，補修等によって延命化させる措置をとるのか，あるいは，撤去して新しい構造物に更新するのかという意志決定においては重要な意味をもつ。すべての場合で延命化させることが最適の解ではなく，補修か更新かをサステイナビリティの視点から個別に判断することが必要である。このように，サステイナビリ

146

ティ思考が，事業の合理性を社会に説明するための強力な武器となることを認識すべきである。

　首都高速道路のサステイナビリティ評価における環境的側面の「見える化」も重要となる。しかし，現状ではこうしたことはあまり行われていない。効率的な首都高速道路ネットワークは，渋滞を低減し，CO_2削減に大きく貢献できる。当然，このことは経済的側面にもかかわる。エンジニアは，技術的側面のみに注力するきらいがあるが，今後は，環境や経済をも含むサステイナビリティ思考で自らの仕事を評価すべきであることは明らかである。

　一方，発展途上国に目を転じれば，現在多くの道路ネットワークの整備プロジェクトが計画されている。それらの建設に当たっては，先進国が経験してきた同じ問題を繰り返すことを避けなければならない。地球のサステイナビリティのために我々が明確に認識した，サステイナビリティ思考とそれを実現する技術およびシステムの導入により，資源・エネルギー消費や地球温暖化を抑制するための技術導入を日本が推進すべきである。そのためには，現状の問題を明確にして，新たな枠組みを確実なものにする必要がある。首都高速道路をはじめとする日本の高速道路事業主体がそうした活動を先導し得ることを認識することが重要であると思われる。

8.4　鉄道事業

8.4.1　概　要

　サステイナビリティ評価の3要素である，環境，社会，および経済的側面で考えた場合，鉄道はいずれにおいても優れた特徴を有している。国土交通省によれば[8.13)]，2013 年の運輸部門における輸送量当たりの CO_2 排出量（g–CO_2/ 人 km）は以下のとおりである。

　　自家用商用車：147

　　航空　　　　：103

　　バス　　　　：56

　　鉄道　　　　：22

また，貨物輸送量当たりの二酸化炭素の排出量（g–CO_2/ トン km）は，以下の

とおりである。

　　　自家用貨物車：1 201
　　　営業用貨物車：217
　　　船舶　　　　：39
　　　鉄道　　　　：25

　現在日本のCO_2排出量の内の運輸部門が占める割合は18％弱であるが，その内の鉄道は約0.75％に過ぎない。この事実は，鉄道がいかに優れた交通機関であるかを示している。もちろん，鉄道が，車のような小回りが利くわけではないので，車も必要であることは言うまでもない。また，遠距離を短時間で結ぶ飛行機の代わりになるものでもない。したがって，運輸の最適ミックスが重要となる。鉄道は，東京のような巨大都市や，大都市間の高速輸送でその威力を発揮する。

　東京の50 km圏の人口は3 000万人を超える。大阪は，その半分強の1 600万人，そして名古屋は，またその半分の900万人弱が住んでいる。この3都市圏だけで，日本の人口の44％を抱えている。その他の都市をも含めれば，都市人口は90％を超える[8.14]。世界の先進地域の都市人口は77.5％となっている。このような状況で，鉄道が発達していない地域では何が起こっているか容易に想像できる。例えば，米国における車社会が惹起する大気汚染である。

　一方，発展途上国の都市人口は46％程度である。こうした地域では鉄道も道路インフラも未成熟な中で車が増加し，その収容可能容量を超えて，深刻な問題を惹起している。発展途上国がインフラ整備に躍起になる理由がそこにあるが，資金と社会システムが大きく立ちはだかる。

　鉄道は，多くの旅客を高速で効率的に輸送することができるが，そのためのインフラを整備し，運行システムを導入するためには，膨大な資金と技術力が必要となる。長期にわたる資本投入がなされて初めて鉄道がその本来的な役割を果たすことができる。日本の鉄道はこれまで幾多の困難を抱えたが，民営化により効率の問題を克服してきた。世界を見渡して，日本は鉄道システムの高度化で成功した国の一つであると言える。一方で，過疎地における鉄道の衰退も同時に起きている。

　ここでは，成功の代表的な例であるJR東日本とJR東海について，サステイナビリティの観点から評価するとともに，地方の鉄道問題について考える。

148

8.4.2　JR東日本 [8.15)]

　東京には，企業や役所の中枢が集積しており，そこで働く人々，およびそれらを支えるさまざまな業種の従業員が活動する。そのことを可能にしているものは鉄道である。きわめて効率的な人の移動のために多くの鉄道路線が構築されている。しかも，省エネルギー車両を導入し，減速時のブレーキで発生するエネルギーを電気エネルギーとして利用するなどしてCO_2削減を図っている。JR東日本では，鉄道事業のエネルギー使用量を2020年に2010年比で8%削減し，自営電力のCO_2排出係数を1990年比で30%改善することを目指している。

　JR東日本の2014年度の営業収益は，単体で1.93兆円，連結で2.7兆円となっている。1日当たりの輸送人員は，約1710万人である。つまり，首都圏の人口の半分以上が毎日電車を利用していることになる。鉄道は大量輸送という特徴から，安全性がきわめて重要となるが，JR東日本では，大規模地震対策（高架橋柱・橋脚・駅舎等の耐震補強等）等の安全対策・安全輸送投資は，東日本大震災で多くの被害を受けた2011年度が，前年に比べて300億円減の1349億円であったが，徐々に増加し，2014年度（計画）では2350億円に増加している。この投資規模は，会社単体営業収益の約12%に相当する。また，この他に修繕費（維持管理費）として2483億円が用いられている。これは，会社単体営業収益の約13%に相当する。つまり，営業収益の約25%が，新設，補強，および維持管理等に用いられていることになる。

　今後，地震対策費用がどれ程必要となるかははっきりしないが，2千数百億円が10年続けば，2兆数千億円となる。JR東日本がたどっている事実は，建設時における安全度の余裕度を増すことがいかに重要かを示す教訓であり，今後の建設プロジェクトで考えるべき重要な視点である。

　複雑で高効率な鉄道システムにも弱点がある。それは，サステイナビリティの社会的側面である安全性の問題である。こうしたシステムは，地震等による被害が発生した場合，きわめて大きな影響を受ける。2011年3月11日に発生した東北地方太平洋沖地震において，鉄道がストップして帰宅難民が発生した。3～5分間隔に電車を走らせているのであるから当然である。東京で大きな地震被害は発生しなくても，鉄道は安全確認等のためにマヒ状態に陥る。東北新幹線は，数か月混乱し，完全に正常に戻るまで半年ほどの時間を要した。しかし，東日本大

第8章　サステイナビリティ評価ケーススタディ

震災で走行中の電車での人的被害はほとんど発生していない。東北新幹線の高架
橋の柱の局部破壊が発生し，復旧作業が行われた。地震による鉄道インフラの破
壊が惹起した社会・経済的影響はきわめて大きなものがあるが，人的被害が発生
しない程度の安全性が確保されていたととらえることもできる。しかし，もう少
し強靭な構造であれば，もっと早く復旧できたことは明らかである。つまり，建
設コストをもう少しかけて，あるいは耐震補強を早期に行って安全性を高めるこ
とをしておけば，地震が起きても早期の復旧が可能となったと推定できる。最終
的な復旧に半年かかっていることを考えると，その間の経済的損失と，建設時に
おけるコスト増のどちらが大きいかは言うまでもない。大きな地震が発生する度
に，各種の設計基準等が改定され，その後に発生した地震被害でその妥当性を検
証している。つまり，実証実験をしているようなものである。我々がつくる構造
物の安全性に絶対ということはない，最終的には経済性を秤にかけて判断せざる
を得ない。

　今後日本を襲うであろう首都直下地震を含むいくつかの大地震に，我々がどう
向きあうかを考えることが焦眉の急である。東日本大震災は，鉄道構造物のサス
テイナビリティ設計の重要性を理解する材料を我々に提示した。すなわち，構造
物のロバストネスやレジリエンスを上げるための安全性の向上とコスト増加の総
合的判断がきわめて重要になる。理想的には，新技術の導入による安全性の増加
とコストの低減を目指すべきである。環境的側面について言えば，構造物の損傷
回復あるいは新設で新たな資源とエネルギーが必要になるよりは，建設時におけ
る安全性の余裕度の増大で環境負荷増大が多少増えても，ライフサイクルで見れ
ば大した問題ではないことが予想される。もちろん，技術開発で環境負荷低減を
図る努力は必要である。

　鉄道構造物は，「鉄道構造物等設計標準」[8.16]等に基づいて行われている。こ
れらは，長い間に積み上げられてきた経験に基づく技術的背景を有しているが，
東日本大震災を教訓として，社会のサステイナビリティにおける鉄道事業の重要
性に鑑みて，サステイナビリティ設計の枠組みを構築する必要があろう。JR東
日本の鉄道輸送のコストの現状は，日本が宿命的に4つのプレートの境界上に
乗っかっている地震国であるが故に，営業収益の25％程度の維持管理・安全設
備投資が必要であることを示している。

150

JR 東日本は，2019 年から 10 年間で，東北新幹線と上越新幹線の大規模改修に1兆円の投資を行う予定である[8.17]。大規模改修の内容は，コンクリート表面の樹脂被覆，橋梁支点部の改修，および軌道スラブ改修である。東北新幹線と上越新幹線は，何れも 1982 年に開業していることから，橋梁構造物は約 30 年程度でこうした改修の必要性が発生することを意味する。しかし，日本の構造物は地震等の過酷な作用を受けることから，計画的な改修は，その寿命を延伸する上できわめて重要となる。一方，これらの施設の更新に当たっては，30 年程度での大規模改修や大地震での被害を最小化するために，本書で提案するサステイナビリティ設計を実施することが望まれる。つまり，これらの大規模改修に要するコストを建設時に投資することの重要性を再認識することである。

8.4.3　JR 東海 [8.18]

東海道新幹線は，東京と大阪間 515 km を，最高運行速度 285 km/h で，2 時間 30 分余りで結ぶ鉄道であり，日本の動脈としてきわめて重要な役割を果たしている。東海道新幹線を含む JR 東海の 2014 年度における営業収益は 1.28 兆円である。2014 年度の設備投資額は，営業収益の約 18％に相当する 2 290 億円であるが，その内の安全投資の割合はわからない。2015 年度の設備投資は 3 000 億円程度が予定されているが，増加分は，後述する中央新幹線の着工に伴うものと考えられる。JR 東海の場合，修繕費は別途計上されていない。

東海道新幹線は，1955 年頃に検討が始まり，1959 年に建設がスタートし，1964 年に開業した。つまり，現在まで半世紀以上にわたって運行している。開業当時における 1 日当たりの輸送量は 6 万人であったが，2014 年度のそれは 42 万人に上る。また，2014 年度の総輸送量は，1.55 億人である。当年の日本の総人口は約 1.28 億人である。つまり，全国民が新幹線を年 1 回以上利用したことになる。ちなみに，東京・大阪間の航空機輸送量は 180 万人程度に過ぎない。なお，東京・大阪間の高速道路による人の輸送量については不明であるが，多くはない。このことから，日本の東海道新幹線は，高速鉄道マス輸送が最も効率よく低エネルギーで旅客輸送を可能にすることを示している。

東海道新幹線の軌間は 1 435 mm で，全線複線，道床はバラスト軌道である。また，構造種別延長割合は，路盤 53％，橋梁 11％，高架橋 22％，およびトンネ

第8章 サステイナビリティ評価ケーススタディ

ル 13％である。つまり，総距離の約3割に相当する約 155 km が橋構造である。東海道新幹線は半世紀前に建設され，適切な維持管理を行い，これまで事故を記録していない非常に安全な高速鉄道であると言える。半世紀に及ぶ実績から，今後も相当長期にわたって，東海道新幹線インフラは機能し続けることが予想される。したがって，鉄道建設における資源・エネルギー消費や建設費用もライフサイクルで見ればあまり大きな問題でないことが理解できるものの，今後予想されている東海地震に対して安全度にどの程度の余裕度があるのかを明確にして，必要な対策を講じるべきである。また，利用者にそうした情報を開示すべきである。そのことが，結局，利用者が安全とコストについての理解を深めることに繋がる。これまでそうした情報の開示が十分なされていない。

　今後発展途上国で多くの同様なプロジェクトが計画されていることから，それらの建設に当たっては，資源・エネルギー消費や地球温暖化を抑制するための技術開発とそれらの適用を考える必要がある。何故なら，鉄道事業の増大は，今後，資源価格の高騰や，地球温暖化ガス排出の増大を招き，そうした制約が発展途上国の発展の阻害要因となるからである。最近，鉄道技術の輸出が世界で国家的なプロジェクトとなっているが，日本の技術・システムの優位性を定量的にサステイナビリティ評価の観点で示すことがますます重要となるであろうことは疑いない。そのためにも日本の経験をそうした意味において再評価することが求められる。

　なお，日本が誇るべき高速鉄道新幹線についての貴重な情報については，山之内秀一郎[8.19]や佐藤信之[8.20]の好著がある。

　東海道新幹線の成功は，その後世界に波及し，現在，フランス，ドイツ，イタリア，台湾，韓国，中国で運行されている。しかし，JR 東海は，2014 年に，東京・名古屋 286 km を 40 分で結ぶ超伝導磁気浮上方式の中央新幹線の建設に着工した。最高走行速度は，505 km/h である。工事費は 5.43 兆円を予定している。2027 年の開業を目指す。現在，東海道新幹線は，およそ 3，4 分間隔で列車が運行されており，その運行能力の限界が来ていること，新幹線が老朽化していること，および震災時の代替輸送というのが，中央新幹線建設の大きな理由である。

　中央新幹線建設の是非についてはさまざまな議論があるが，一民間企業が建設することがプロジェクト開始を可能にしたと思われる。中央新幹線は，86％がト

152

ネルとなる未知の領域となることから，今後，技術的および環境的な側面で大きな課題に直面すると思われる。とくに，環境面では，トンネル掘削による地下水流の変化や地上走行にかかわるさまざまな問題，および残土処理や工事用車両走行の問題などが考えられる。これらもサステイナビリティの観点から定量的に評価し，必要な対応を図る必要がある。人類にとって大きな挑戦となるこのプロジェクトの成功のためには，こうしたことを，透明性をもって行うことが必須となる。

　本プロジェクトの大きな問題の一つは，今後日本の人口が大きく減少することである。ただ，現在の東海道新幹線の諸施設が老朽化することを考えれば，旅客輸送を中央新幹線へシフトさせ，需要に応じた列車を走行させることも可能であり，新線への先行投資は，経済的に成り立つのであれば，社会のサステイナビリティを確保する上で重要となる。しかし，このプロジェクトは，およそ従来の安全性と環境性に対する考え方を相当変える必要があると思われる。上述のように，プロジェクトを総合的に評価するサステイナビリティ思考の導入が必須であると思われるが，そうしたことの全体像がまったく見えない。一企業のプロジェクトとしてはかなり大きなリスクを抱えていることは疑いなく，いずれ，その過酷な状況における安全性と環境性のクライテリア構築に国がどのような形で関与するかが問われることになる。

8.4.4　鉄道事業のサステイナビリティ評価

　鉄道事業は，マス輸送で成立するので，一定量の乗客あるいは貨物が無ければその運用は困難になる。JR 東日本や JR 東海が大人口集積地およびその間を結ぶ輸送機関として成功しているのは，国内ではむしろ特別な事例と言える。人々が関心を持つ観光資源やビジネス拠点がある地域における高速鉄道の運行は事業として機能する。しかし，過疎化が進み，道路が整備された地域での従来の形態での鉄道事業は成立しないことは明らかである。全国に展開している新幹線も，その建設資金まで考えるともともと無理な路線が少なくない。しかし，高速鉄道のネットワークは，国土発展のバランスを目標におけば国民全体で負担することに一定の合理性もある。

　鉄道が成立するかどうかは，対象地域のサステイナビリティの本質を明確にす

ることが重要である。従来は，地域衰退の過程の一つとして，鉄道運行の撤退や地域セクターによる運行を継続するなどで実質的な地域崩壊が生まれてきた。鉄道を残すことを求めて車を多用する現実もあった。情緒的な話は何も生まないことを考えれば，地域の鉄道の持続性は，サステイナビリティ評価の実施以外にない。社会的側面としてのニーズ，鉄道事業として成立するための経済コストと負担の定量的な評価である。それらに基づいて，事業主体，利用者，他のステークホルダーが総合的に判断する。もちろん，地域の将来の発展のポテンシャルを見据えた投資的要素も加味しなければならない。国民全体で日本国土の価値という視点での負担もあり得る。そのためには，地域自体が自らの将来を見据えて，必要なアクションを取らなければならない。

　鉄道は，インフラの整備と維持に多額の費用がかかる。インフラは安全が最も重要となる。これまで幾多の大地震により鉄道インフラは大きなダメージを被った。国土交通省令第 151 号（平成 13 年 12 月公布）の第二十四条に鉄道構造物の安全性について「土工，橋りょう，トンネルその他の構造物は，予想される荷重に耐えるものであって，かつ，列車荷重，衝撃等に起因した構造物の変異によって車両の安全に支障を及ぼすおそれのないものでなければならない。」と規定されている。

　鉄道構造物の構造安全性は，現在，鉄道構造物等設計標準に基づいて行われており，構造物の要求性能として安全性，使用性および復旧性が考慮されている。復旧性については，損傷に関する限界状態を定めることで対応している。東日本大震災における新幹線高架橋の破壊状況を見れば，復旧性を要求性能として機能させるのは容易ではないし，社会的影響度を踏まえた安全性の余裕度との関係も明確ではない。今後は，安全性に対する余裕度の本質について，サステイナビリティの観点から総合的に検討する必要がある。

　鉄道は，8.4.1 項で述べたように，旅客および貨物あたりの CO_2 排出量の観点からは断トツに優位である。しかし，建設コストはきわめて膨大となる。したがって，長期的な視点での投資でなければ機能しない。また，環境に関しては，明らかに環境破壊が前提となる。このようにとらえれば，鉄道建設には多くの議論を惹起する。しかし，アメリカのような極端な車社会も肯定できるものではない。鉄道と道路建設のバランスをどうとるかが，現在生きる我々の大きな課題である。

その解を得るには，サステイナビリティ要素の定量的評価をおいてほかにない。

8.5　日証館

8.5.1　概　要

　1928（昭和3）年，東京株式取引所（現在の日本取引所グループ）が，渋沢栄一邸跡地に鉄筋コンクリート造・6階建（1963年に7階に増築）建築物として証券会社への賃貸用として東株ビルディングを建設した。1943年に日本証券取引所が設立された際，このビルは，日証館とその名前を変更した。当初，日証ビルディングとするはずであったが，戦時中の外国語使用規制により日証館となったと推定されている。戦後はGHQにより取引所機能・売買が停止された状態であったときに，その機能を補完するための「集団取引」の場所として利用されていた。その後も証券会社等の事務所ビルとして使われ，建設後90年にもなろうとする現在も利用され続けている。

8.5.2　サステイナブルビルへの改修

　日証館は，これまで大規模な耐震性能向上改修を2度行っている。最初は，1995年の阪神淡路大震災後の1997年に耐震補強工事を行った。さらに，2011年の東日本大震災の後にも耐震改修を行い2013年に完了している。その際，構造耐震指標Is値を0.66（日本建築防災協会基準：0.6以上）とした。このIs値0.6以上は，地震に対して被害を受ける可能性が低いことを表しているが，日証館は安全の余裕度を1割増したことを意味する。

　一方，2010年には，国の建築物省エネ改修緊急支援事業補助金を活用して大規模な省エネルギー工事を実施している。その内容は，屋根・屋上断熱工事，外壁内断熱工事，複層ガラスの採用，高効率の個別空調機器の導入，LED採用である。これらの措置により，エネルギー源として，重油の使用を止め，電気のみを用いて，最終的にCO_2排出を年間約50％削減できた。これは，300トンのCO_2削減に相当し，同規模のビルが1000棟あれば，30万トンのCO_2削減か可能となることを意味する。

　日本政策投資銀行（DBJ）は，5ランクからなるGreen Building認証制度を導

第 8 章　サステイナビリティ評価ケーススタディ

入して，不動産金融分野の環境や社会への配慮に対する評価を行っている。さらに，グリーンボンドを発行し，その資金を Green Building 認証が付与された物件向け融資に充てている。DJB Green Building 認証においては，建物の環境負荷低減，快適性・多様性 / 安全・安心，および周辺環境 / ステークホルダーとのかかわりを基本評価項目としている。

日証館は，2013 年にこの Green Building 認証制度で上から 2 番目の「ゴールド」を取得した。新しい建築物は設計の時点であらゆることを考慮できるので「プラチナ」取得が可能となるが，90 年にもならんとする建築物で「ゴールド」を取得したことは大きな価値がある。オフィスビルが比較的早い時期にその機能を失うのは，テナントがビルの建築物としての価値や，賃貸料，および光熱費等の負担を考慮して，より条件のよいビルへと移ることが大きいと考えられる。日証館は，こうしたリスクを取り除くための積極的な対応をしている。日証館は，ビル自体の機能を高めて，兜町の歴史とともに歩んできた由緒あるビルとして，地域の文化的価値も高い。

日証館が行ったコンクリート調査によれば，建物外部の劣化はなく，内部で軽微なひび割れが観察されている。しかし，コンクリート推定強度（コンクリートコアの強度平均から標準偏差の 1/2 を引いた値）は 18 ～ 33 N/mm^2 程度あり，当時の設計基準強度の最大値 Fc = 13.5 N/mm^2 [8.21] を満足している。また，中性化深さは一部で鉄筋のかぶりの目安とされる 30 mm を上回っていた。鉄筋の目視調査は実施していないが，外観上，鉄筋の発錆に起因する劣化現象は確認されていない。

図–8.6 は，建設時の図面における鉄筋コンクリート柱断面図を示す。注目すべきは，矩形断面も円形断面にも帯鉄筋やスパイラル筋が用いられていることである。

大正 5（1916）年に，佐野利器が，世界に先駆けて耐震設計法として「震度法」を提案し，大正 12（1923）年には，佐野利器の弟子である内藤多仲が震度 0.133 を使って日本興業銀行を鉄骨鉄筋コンクリート造で設計し，建造した [8.22]。このビルは，竣工 3 か月後に関東大震災を受けるが，被害がなかったことで注目された。その後，震度として 0.2 が使われてきたことは周知のとおりである。このように，佐野利器と内藤多仲が，耐震設計法確立に重要な役割を果たした。しかし，帯鉄筋やスパイラル筋配置が何に基づいているかは不明である。

156

8.5 日証館

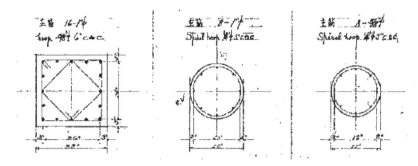

図-8.6 日証館の柱断面図（平和不動産提供）

　日証館は，昭和3（1928）年の建設であるから，佐野利器や内藤多仲が構築した耐震設計法が用いられたことは間違いなく，その後の幾多の地震にも耐え，約90年の歳月を経てきて，さらに改修で耐震性を向上させている。

8.5.3 サステイナビリティ評価

　このように，日証館は，古い鉄筋コンクリート建築物を時代のニーズに対応するために建築物自体をサステイナブルなものに改修し，その結果歴史あるビルと

図-8.7　日証館の現在の姿（平和不動産提供）

第 8 章　サステイナビリティ評価ケーススタディ

して地域のサステイナビリティに貢献していると評価することができる。**図-8.7**は，日証館の現在の姿である。端正な外観を示している。

　DBJ がこうした建築物を対象に Green Building 認証を与えたことは，古い建築物を有するオーナーとそれを利用するテナントに，建築物および社会のサステイナビリティ実現のための一つの重要な方向性を示したことにもなる。

　今後は，新築の建築物は当然であるが，既存の建築物も，資源・エネルギー消費を最小化して，安全性を向上させ，その社会的・文化的価値を高めるための改修を行うことがきわめて重要となる。

8.6　ローカーボンコンクリート

8.6.1　概　要

　CO_2 は，地球温暖化を惹起させる主要なガスである。コンクリート構造物建設の主要素材はセメントと鋼であるが，それらの製造には多くの CO_2 が発生する。鋼の製造にはコンクリート産業が関与できないので，コンクリート産業ができることは，利用するセメントからの CO_2 排出を低減することである。コンクリート産業では比較的古くから，高炉スラグやフライアッシュ等をセメント代替として用いる技術が開発されてきた。最近，ゼネコン各社が，こうした技術を進化させてローカーボンコンクリートの開発に取り組み始めている。ローカーボンコンクリート開発のコンセプトはさまざまであるが，ここでは 2 つのローカーボンコンクリートを紹介することにする。

8.6.2　LHC

　堺・安藤間組・住友大阪セメントは，ローカーボンハイパフォーマンスコンクリート（LHC）を開発した。LHC は，セメントの一部を比較的少ない量の混和材で置換した 3 成分系コンクリートである。クリンカーの優れた性能を保持させることで，汎用的かつ持続可能な材料とし，コンクリート産業全体の CO_2 排出量を削減させることを目的としたコンクリートである。

　LHC は，ポルトランドセメント，高炉スラグ微粉末およびフライアッシュを結合材として用いており，その質量割合は，通常配合の普通ポルトランドセメント

158

(N) を 100%とすると，図-8.8 に示すように，それぞれ 60%，20%，20%である。

圧縮強度を図-8.9 に示す。LHC の材齢 3 日強度は，N と比較すると小さいものの，高炉セメント B 種（BB）と同程度である。また，LHC は材齢 56 日以降の強度増進も大きく，長期的には N を超える強度に達している。

温度ひび割れの発生原因である断熱温度上昇特性を図-8.10 に示す。LHC は，温度の上昇速度および最終的な温度の上昇量ともに最も低い。そのため，N や BB と比較して，ひび割れ発生を低減できる。

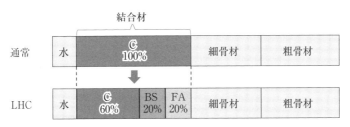

図-8.8　コンクリートの構成材料の内訳

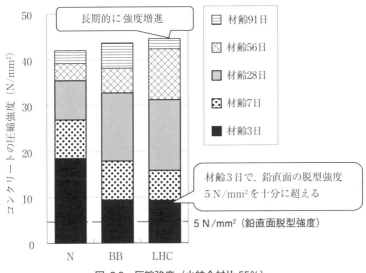

図-8.9　圧縮強度（水結合材比 55%）

第8章 サステイナビリティ評価ケーススタディ

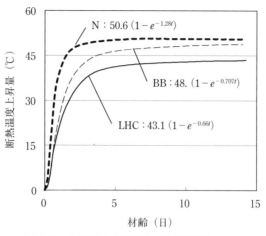

図-8.10　断熱温度上昇特性（水結合材比40%）

　LHCは，塩害やASRによる劣化に対して，BBと同様に高い抑制効果を有している。一方，中性化による劣化の抑制効果は，Nと比較すると低下するものの，BBと同様に必要十分な性能を有している。

　地上3階建ての宿泊施設を対象に，LHCを用いた場合と，N（普通ポルトランドセメント）を用いた場合のCO_2排出量を算定し，比較する。対象構造物は，地上3階建ての宿泊施設であり，建築面積は$1\,120\,m^2$，延床面積は$2\,750\,m^2$である。**図-8.11**に，形状・寸法を示す。耐圧版，基礎梁および1階スラブを地下部と称し，それより上部の柱，梁，壁およびスラブを地上部と称する。

　LHCの製造に特殊な設備は不要であることから，通常のレディーミクストコンクリート工場で製造することとする。一方，LHCの製造には，高炉スラグ微粉末およびフライアッシュが必要となるが，これらの資材のレディーミクストコンクリート工場までの輸送距離はセメントと同距離と仮定する。つまり，コンクリートや資材の運搬によるCO_2排出量は，LHCとNを用いる場合（NCと略）で同量と考える。したがって，LHCおよびNCを構成する材料の製造時におけるCO_2排出量を算定する。

　コンクリートの配合条件および数量を**表-8.1**に示す。コンクリートの施工時期を地下部は標準期，地上部は冬期と仮定して，設計基準強度に所要の温度補正を施して呼び強度を選定している。

8.6 ローカーボンコンクリート

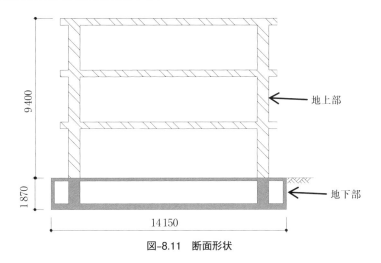

図-8.11 断面形状

表-8.1 コンクリートの配合条件および数量

部位	設計基準強度	呼び強度	数量
地下部	27 N/mm^2	30	935 m^3
地上部	27 N/mm^2	33	1 425 m^3

表-8.2 コンクリートの構成材料

種類	記号	仕様	CO$_2$排出量原単位
水	W	水道水	0.0 kg/t
普通ポルトランドセメント	N	密度：3.15 g/cm^3	766.6 kg/t
高炉スラグ微粉末	BS	密度：2.88 g/cm^3	26.5 kg/t
フライアッシュⅡ種	FA	密度：2.26 g/cm^3	19.6 kg/t
細骨材	S	表乾密度：2.61 g/cm^3	3.7 kg/t
粗骨材	G	表乾密度：2.62 g/cm^3	2.9 kg/t
高性能AE減水剤	Ad	標準形	125.0 kg/t

　コンクリートを構成する材料の仕様およびCO$_2$排出量原単位を表-8.2に示す。なお，CO$_2$排出量原単位は土木学会発行のコンクリートライブラリー125「コンクリート構造物の環境性能照査指針（試案）」を参考にしている。
　LHCおよびNCのコンクリートのCO$_2$排出量算定結果を，それぞれ表-8.3，

第8章 サステイナビリティ評価ケーススタディ

表-8.3 LHC の CO_2 排出量

部位	配合条件/数量	W/B (%)	s/a (%)	単位量 (kg/m³)							CO_2 排出量	
				W	N	BS	FA	S	G	Ad	小計	合計
地下部	30–18–20/935 m³	44.9	43.5	170	227	76	76	744	967	2.65	171.5 t	447.2 t
地上部	33–18–20/1 425 m³	42.5	40.6	170	240	80	80	686	1 003	2.8	275.7 t	

表-8.4 NC の CO_2 排出量

部位	配合条件/数量	W/B (%)	s/a (%)	単位量 (kg/m³)							CO_2 排出量	
				W	N	BS	FA	S	G	Ad	小計	合計
地下部	30–18–20/935 m³	50	50	170	340	0	0	885	888	3.4	249.5 t	652.8 t
地上部	33–18–20/1 425 m³	47.1	49.1	170	361	0	0	859	893	3.61	403.2 t	

表-8.4に示す。本構造物におけるコンクリートの CO_2 排出量は，LHC で 447.2 トン，NC で 652.8 トンとなる。したがって，NC の代わりに LHC を用いることで CO_2 排出量を 31.5% 削減できることになる。

図-8.12 に，LHC を適用した施設外観を示す。なお，この施設の実際の LHC 適用量は 300 m³ であった。

図-8.12 LHC 適用施設外観

8.6.3 クリーンクリート[8.23)]

　大林組は，CO_2排出量の削減効果を最大化するために普通ポルトランドセメント，高炉スラグ微粉末，およびフライアッシュを使用する3成分系結合材を用いるコンクリートを開発した。普通ポルトランドセメントの割合は15%としているが，高炉スラグ微粉末とフライアッシュの割合は明らかになっていない。また，高炉スラグ微粉末は比表面積が4 000 cm^2/gのものを用い，刺激剤として石膏が内添されている。フライアッシュはⅡ種である。また，設計基準強度は27 N/mm^2とした。コンクリートの単位水量は140 kg/m^3である。高性能減水剤とフライアッシュの効果と思われる。スランプと空気量は，それぞれ21 cm および 4.5% である。

　このコンクリートを，鉄骨造（地下鉄骨鉄筋コンクリート造）で，地上9階，地下2階建て建築物の地下躯体に用いた。この種のコンクリートは，粘性が高いことによる施工性の問題や，ブリーディングが少ないことによるプラスチック収縮ひび割れの懸念があるが，前者についてはバイブレータの引抜き時や床スラブの均し作業に労力がかかるものの，後者については表面養生材と養生シートを用いた。総合評価としては，通常のコンクリートと同様の扱いで施工が可能であったと報告されている。

　コンクリートの施工性能については，事前に，ポンプ圧送性の実機試験，および実大施工実験（柱壁部材，床梁部材，柱部材）で周到に検討された。**図-8.13**，

図-8.13　柱壁梁模擬部材

図-8.14，および図-8.15 に，それぞれ柱壁梁模擬部材，床柱模擬部材，および柱模擬部材を示す。

図-8.16 に，コンクリートの打設状況を，また図-8.17 に圧縮強度の変動を示す。いずれも設計基準強度を満足しており，平均強度は 33.1 N/mm^2 であった。

図-8.18 は，完成したビルの外観である。

このプロジェクトで用いられたコンクリートは，コンクリート材料に用いられたセメント量が圧倒的に少なく，CO_2 発生量の削減が著しい。サステイナビリティにおける環境負荷低減をコンクリートとしては極限まで図った事例である。

図-8.14　床柱模擬部材

図8-15　柱模擬部材

8.6 ローカーボンコンクリート

図-8.16 コンクリートの打設状況

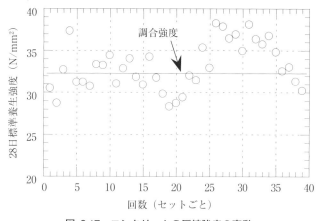

図-8.17 コンクリートの圧縮強度の変動

　最近，建築物は鉄骨構造が多くなっているようである。それは，施工が容易であることに起因していると思われる。しかし，スラブにはコンクリートが一般的に用いられている。このような建築物においては，建築物の基礎に使われるコンクリートが全体の4割程度になることを考慮すれば，こうしたコンクリートを利用することの意味は大きい。しかし，このような挑戦的ローカーボンコンクリートの適用は，更なる発展のためにその性能について注意深くモニターすることが望まれる。この建築物は，CASBEEで最高ランクのSを取得している。なお，

第8章 サステイナビリティ評価ケーススタディ

図-8.18 地下躯体にクリンクリートを使用したビル外観(大林組ホームページより)

CASBEEにおける評価では,資源・マテリアル対策における「非再生材料使用量削減」項目で,クリンクリートにおける高炉スラグおよびフライアッシュ利用による材料使用量削減で高得点を得ているが,CO_2削減効果については評価されていない。

8.6.4 将来の方向

　ローカーボンコンクリートの展開にはさまざまな可能性がある。ここで紹介した2つの事例はそれぞれ開発のコンセプトが異なる。前者は,できるだけクリンカーの優れた特性を保持しつつローカーボンを考えるとしたのに対して,後者は極限までクリンカー使用量を少なくしてローカーボンの最大化を図ったものである。クリンカーを高炉スラグやフライアッシュで置換できる量は世界規模で見れば限られている。また,これらの産出は地域によって大きく異なる。長期的には,地球温暖化問題から石炭火力による電力発電がいずれ低減すると思われることから,フライアッシュの発生量は減少に向かうことは明らかであるが,当面は増加

する。したがって，石炭燃焼によるCO_2発生を，副産物フライアッシュのセメント代替として利用し，少しでもCO_2を相殺することは重要な視点である。こうしたことを電力事業者が十分認識してフライアッシュの品質を安定化し，その利用を拡大すべきである。一方，高炉スラグは鋼の生産1トンで約0.3トン生産される。鋼の生産量は国によって大きく異なり，したがって高炉スラグの利用可能量は地域によって大きく異なる。現状では，世界で高炉スラグ生産量は4.5億トン程度であるので，クリンカー生産量を30億トンとしても15%程度の置換率にしかならない。こうした現状を踏まえて，今後，ローカーボンコンクリートの開発とその利用を図っていく必要がある。また，短期的な措置と中長期的な考慮が必要になる。

一方，セメントの生産には原料として石灰石が必要となる。石灰石の賦存量に関するデータは存在しない。地球誕生時の大気のほとんどがCO_2であり，それらがさまざまなメカニズムで地球に固定された事実を考えれば，その賦存量は膨大なものと考えられる。しかし，現状のようにローコストで採掘できる量は限られていると思われ，加えて環境問題からも採掘の制約があることを考えれば，別の原料によるクリンカーやクリンカー代替材の製造により，CO_2削減と資源保存を図っていくことが，将来世代に対する我々の責務でもある。幸いに，そうした検討も始められている[8.24), 8.25)]。

◎参考文献

8.1) 堺孝司：小樽港防波堤コンクリートとサステイナビリティ，コンクリートテクノ，Vol.33, No.12, 2014

8.2) 日本コンクリート工学協会：日本のコンクリート100年，JCI創立40周年記念，2006

8.3) 高崎哲郎：山に向かいて目を挙ぐ－工学博士・廣井勇の生涯，鹿島出版会，2003.9

8.4) 笠井芳夫，長瀧重義 企画・監修：日本のコンクリート技術を支えた100人，セメント新聞社，2009

8.5) 関口信一郎：シビルエンジニア廣井勇の人と業績，HINAS出版，2015.11

8.6) 北海道庁：小樽築港工事報文・前編，明治41年6月

8.7) 長瀧重義監修：コンクリートの長期耐久性（小樽港百年耐久性試験に学ぶ），技報堂出版，1995

8.8) 首都高速道路：IR報告書，2015.7

8.9) 首都高速道路事業計画　http://www.shutoko.co.jp/company/projectenterprise/

8.10) 首都高速道路：管理レポート2015

8.11) 首都高速道路：首都高速道路株式会社インフラ長寿命化計画（行動計画）（平成26年度～32年度），2015.3.31

8.12） http://www.jehdra.go.jp/

8.13） http://www.mlit.go.jp/sogoseisaku/environment/index.html

8.14） 二宮書店：データブック オブ・ザ・ワールド，Vol.26，2014

8.15） http://www.jreast.co.jp/

8.16） 鉄道総合技術研究所：鉄道構造物等設計標準・同解説 – コンクリート構造物，2009

8.17） セメント新聞，2016.2.22

8.18） http://jr–central.co.jp/

8.19） 山之内秀一郎：新幹線がなかったら，東京新聞出版局，1998.12

8.20） 佐藤信之：新幹線の歴史，中央新書，2015.2

8.21） 大崎順彦：地震と建築，岩波新書，1983

8.22） 伊部定吉：市街地建築物法及其附帯命令の梗概（三），論説，建築雑誌第 414 号，1921

8.23） 森田康夫，浅岡康彦，小林俊允，一瀬賢一：環境配慮型のコンクリートの建築構造物への適用，コンクリート工学，Vol.51，No.7，pp.584–589，2013.7

8.24） http://www.aether–cement.eu/

8.25） Karen L Scrivener：Options for the future cement，The Indian Concrete Journal，pp.11–21，July.2014

第9章
今後の展望

9.1 資源・エネルギーと人口問題

　地球の未来を考える場合，その基本は人口である。地球が供給できる資源・エネルギーが需要との関係でバランスするかどうかがカギとなる。エネルギーについては，化石燃料に加えて，太陽や風あるいは水などによるエネルギーが重要となる。資源は，消費すれば徐々に減少していく。しかし，資源とエネルギーを用いて製造される製品は，それらの使用後に再生利用することができる。こうした資源の循環は，ストック量が増える分を除いて再利用できる。しかし，再利用技術は一部を除いて発展途上にあるし，当然再生には新たなエネルギーが必要となる。

　いずれにしても，人間1人当たりの資源消費量が増加し，かつ人口が増えれば，単純に資源消費量は増えることになる。それに伴い，当然，エネルギー消費は増加する。再生エネルギー使用により，化石エネルギー消費増加を抑制することが可能である。これが，大雑把な資源・エネルギーの需要と供給のメカニズムである。

　一方，技術は発展する。資源・エネルギー利用効率を高めることにより，その消費を低減できる。また，製品のリサイクル技術の高度化により，資源・エネルギー消費を減少させることが可能となる。このことは，資源・エネルギーの消費増を抑制，あるいは減少させるためには，技術革新がきわめて重要となることを意味する。しかし，こうした方向に向かって技術発展があれば，さらに地球の人

第9章 今後の展望

口容量を増加させることにも繋がる。人類の歴史で人口増加の背景を見れば，こうしたメカニズムが存在することが容易に理解できる。国が社会経済的に一定の成熟度に到達すると，人口減少に転じることも良く知られている。発展途上国は人口が増加し，先進国は人口が減少する。増加と減少がバランスすれば，地球全体として安定するはずであるが，両者の間には社会・経済格差があり，その平準化過程でさまざまな問題が発生する。

このように，地球と人類を取り巻く状況は非常に複雑である。その本質をとらえることは容易ではなく，したがって我々がやることに正解はない。ただ，大きな原則としては，生活の質を落とさずに資源・エネルギー消費を継続的に削減していくことであろうと思われる。したがって，資源・エネルギー消費を少なくすることに最も高い評価が得られる社会システムを構築すべきである。資源・エネルギーの浪費には何らかのペナルティを課すシステム導入が最も効果的である。

9.2 コンクリート・建設産業の目指すべき方向

このような状況の中で，コンクリート・建設関連産業はどのような原則でその使命を果たしていくかを考える必要がある。インフラの整備は，人間のハードおよびソフトの生産活動の基盤を構成する。極論すれば，いくら電子技術が発展し，移動せずコミュニケーションが可能となっても，その道具は，資源採掘から輸送・製造・商品配送で初めてユーザーの手元に届く。インフラが整備されていなければ，高度な社会が成立しない。したがって，人間の社会経済活動におけるインフラ整備は必須である。人間の社会経済活動は，ヒト・モノ・カネの流動のバランスが重要であって，そのためのインフラ整備をコンクリート・建設産業は担うことになる。インフラが過不足なく提供される社会が最も望ましい。

こうした観点から，インフラが成熟した状況の中で，資源・エネルギー消費を増大させることによる経済成長のためにインフラ投資をすることは本末転倒である。資源・エネルギー消費を最小化して価値を最大化する経済発展が人類の目指すべき方向だとすれば，コンクリート・建設産業が今後行うべきことはかなり明確になる。

人間社会が持続可能であるためには，この限られた地球を徹底的に「大事」に

170

9.2 コンクリート・建設産業の目指すべき方向

することをおいて他にない。その意味は，あらゆる活動には制約が生まれるということである。もはや地球にフロンティアはない。自由気ままな開発は不可能である。市場経済は，放置しておくと経済コストに外部不経済を取り込まないで利潤を上げることに奔走する。

インフラや建築物の建設では，通常建設コストが最も重要な要素とされてきたが，資源・エネルギー効率や外部不経済的側面およびライフサイクルでの運用コストやエネルギー，あるいはそれらの利用効率や快適性等，本来実に多くの，しかし重要な要素を考慮しなければいけない。ところが，我々がこれまで構築してきた設計・技術体系は，これらの多くの側面を合理的に考慮したものとは言い難い。つまり，安全性に注力したものと言える。安全性が最も重要な事項であることには違いないが，これとて絶対はない。しかし，なぜかその部分を的確にとらえているとは言えない。長い間，設計体系に確率論の導入が試みられてきたが，十分に機能していない。それは確率論を成立させるだけの安全に関するデータがないことや，人知の及ばない自然作用を予測することはほとんど不可能であることによる。近年，耐久性に関する設計法が開発されてきたが，これとてその前提条件と実際との乖離が大き過ぎる。そもそも，50年，100年を経た構造物そのものが多くはなく，その長期的な挙動を把握できていない。材料的な劣化と構造的性能の関係についても，本当の事は分かっていない。十分な耐震性能を付与したと考えている建築物も，外形的には異常がなくても，大きな地震作用によってその剛度を低下させていることは十分考えられる。

このように，すでに確立されたと考えられている安全性に関する設計体系も，資源・エネルギーおよびコストとの関係の総合化を目指して，そのフレームを再構築しなければならないことは明らかである。本書は，そうした考え方の展開の端緒を与えるものである。

こうした基本的な考え方が共有されれば，発展途上国も先進国も同じ価値観でインフラ・建築物の建設，およびそれらの利用による持続可能な発展を可能にすると思われる。日本は，先進国の中で最も極端な人口減少が予測されている。これまで2500兆円超の建設投資で構築された社会経済基盤は，再構築を余儀なくされる。問題は，これを否定的にとらえる必要があるかどうかである。人口が半分になれば，一人当たりが利用できる空間は倍になる。そうした快適な住環境や

第 9 章　今後の展望

労働環境を実現するためのインフラ・建築物の再編・建設を人口規模に応じて持続的に行えばいい。しかし，そのような場合であっても，量で経済規模を持続させる発想は機能しない。資源・エネルギー効率を最大化してサステイナビリティ思考をフル稼働する。安全・コスト・環境のバランスを徹底的に追及する社会システムを構築していくことが肝要である。

　世界人口の 8 割を占める発展途上国についても，基本的な考え方は同様である。先進国との大きな違いは，基本インフラ・建築物整備状況が先進国の 30 年，あるいは 50 年前の状況にあることである。今，日本を含む先進諸国は，アジアやアフリカに目を向けている。飽和した国内ビジネスを外に展開させるためである。また，発展途上国であっても，資源確保や国内産業の維持のために，あるいは国際的な覇権を視野に入れて，ビジネスを度外視して展開を図ろうとする国もある。そうした混沌とした中で，日本はどのような立ち位置でその存在感を高めていくかが重要となる。日本の各種技術はトップレベルにあることは間違いない。しかし，高すぎるというのが一般的な評価である。いいものが高いことを合理的に説明することが重要であるが，日本はこうしたことを合理的に示しているとは言い難い。サステイナビリティ思考は，我々の活動を総合的に評価する指標を開発する上で大きな力を発揮する。地球が持続可能であるために，サステイナビリティ思考による発展を志向することが必須であることを日本が率先して展開していけば，日本が世界に貢献しつつ，ビジネスも展開できる理想形になる。日本のコンクリート・建設分野は，ただちに国内の事業を通じてそうした実践を積み重ねつつ，海外展開を図るべきである。質の高いインフラ・建築物の建設には，サステイナビリティ設計を一般化しなければならない。

9.3　コンクリートの価値の本質

　今後 1 世紀以内に，地球のすべての地域の基本的な開発行為は終焉するであろう。その過程で徐々に建設産業のサイズは縮小するし，その質も相当大きく変わる。ただ，消滅することはない。相変わらず技術の進歩はあるし，それらを利用したより高質なインフラ・建築物の更新がなされるであろう。また，地球温暖化問題は，平均気温が数度上昇して安定しているであろうし，化石燃料の消費も

ピークを過ぎて，問題はほぼ解決しているに違いない。建設分野のリサイクル問題も解決しているであろう。つまり，一切の廃棄物排出は受容されなくなり，すべてを資源と見る思考は定着するだろうし，そのための法律も整備されていることであろう。

人間の住環境を創る基本素材は，鉄，コンクリート，そして木材であることは，100年後も変わらないであろう。ただ，その使用割合は相当変わる可能性がある。それぞれの材料は，それぞれの特徴を持っており，技術の発展も期待できるが，資源の賦存量と再生のコストにおいて優位な材料の使用割合が増加する。もちろん，これらのどれかが消滅することは考えられない。

これらの3つの素材のうち，現在，コンクリートが最も多く用いられている。その理由は，コンクリートの材料が地球に最も潤沢に存在する岩石と水を利用できることによる。セメントも石灰石と粘土質を原料としている。木材は植林によって再生できるものの，再生のために必要な期間は長いし，その間の管理も容易ではない。鉄鉱石も潤沢にあるが，採掘コストや製鉄コストが高い。結局，そうしたさまざまな条件から使い分けがなされてきた。

しかし，これまで積み上げられてきた建設工学の体系は，こうした材料が容易に入手できて，外部不経済をあまり考えない前提で構築されてきた。今後，サステイナビリティ思考で改めてこれらの素材が評価されるようになると，従来の評価とはまったく異なる事態に至る可能性がある。反対に，このことを意識して研究を進めれば，技術革新がもたらされる可能性も開ける。換言すれば，今後，何に価値基準をおいて建設分野の展開を図るかでその帰趨が決まるとも言える。

近年，建築物の設計で木材が大きな注目を集めている。集成材の製造技術や耐火性に関する技術の発達から低層建築物ではほとんど問題なく木造建築物が選択できるとされており，3〜5階建木造建築物はかなり現実味を増している。しかし，それ以上であれば堅牢性やレジリエンスの観点からコンクリートや鋼が断然優位性を持ってくる。ところが，コンクリートや鋼には，それぞれひび割れや疲労の問題がある。もちろん，コンクリートにはひび割れを発生させないプレストレス技術もあるが，コストが増加する。鋼材は腐食防止に塗料を被膜しなければならない。鉄筋コンクリートも同様に鉄筋の腐食に十分配慮しなければならない。また，それらの素材の利用による環境負荷にも配慮しなければならない。木材であ

第9章　今後の展望

れば CO_2 排出がないと考えるのは誤りであり，それらの採取や輸送，そして集成材製造にもエネルギーが必要となる。それらを客観的に定量化して，木材の使用が優位となる条件を明らかにする必要がある。コンクリート構造物について言えば，耐荷力が十分であっても，作用外力によってひび割れが発生すると，構造体としての剛度が低下して，安全ではあっても使用性に劣ることにもなる。したがって，安全性の余裕度を増加させてそうした問題に対処することも，その構造物の価値を持続させる意味において，ライフサイクルコストの観点から重要となる。コンクリートのリサイクル性は現時点では大きな弱点である。鋼は，リサイクル性ではきわめて優れた素材である。

　一方，コンクリートの製造にはセメントが必須であるが，セメントの原料である石灰石の賦存量の問題もある。CO_2 排出を低減するためにセメント製造で石灰石を低減する試みや焼成粘土の利用等に関する研究も進められている。

　このように見てくると，何れの素材も一長一短がある。建設産業はもともと地場産業として発達してきた。地域で取得できる建設素材を有効に使うことが基本であり，すべて同じである必要はない。3つの素材を適材適所で用いることが肝要であるが，限られたこれらの資源をバランスよく使用することで，地球と人類のサステイナビリティが可能になる。したがって，これらの素材の技術的発展に極端な差異が生じることは，資源利用のバランスが崩れることを意味する。

　作家の曽野綾子氏は，その著書（国家の徳，扶桑社新書，p.61，2015）で「歌舞伎座もそうだが，コンクリート造りの戦前の建物などに，文化財保護の目的に叶うものなどはほとんどないだろう。木造や，せめてレンガ建てなら，保存しておきたいものがあるかもしれないが，……」と書いている。果たして，コンクリートでつくられた構造物が文化財としての価値をもちうるのかどうかはわからないが，少なくともコンクリートが，鉄とともに現在の社会経済基盤構築に大きな役割を果たしていることは間違いない。しかし，コンクリートでなければならない構造物は必ずしも多くはなく，鉄で代替可能である。

　コンクリート関連産業は，産業自体の持続可能性のために，コンクリートの価値をサステイナビリティの観点から説明する必要がある。これを適切に行わなければ，コンクリート産業は衰退の一途を辿るであろう。こうした意味において，コンクリート産業は歴史的大転換期にあると言っても過言ではない。コンクリー

ト産業が衰退しても，十分な量の代替物があれば，そのこと自体は問題ではない。コンクリート業界の人間は他産業へシフトすればいいだけである。

　本書で提案するサステイナビリティ設計は，そうした時代にあって，インフラや建築物を地球の利用可能資源を用いて供給できる建設素材で最大のポテンシャルを有するコンクリートが利用されなくなる危険性を抑止するのに役立つと思われる。コンクリートは，長い間，その供給が容易で，曽野綾子氏が言うように文化性を感じさせないことから，その便益を享受しつつも，否定的なとらえられ方をしてきた。一部の建築家がコンクリートを利用して注目されても，そうした見方は消えず，「コンクリートから人へ」を政党理念などというグループが政権を取ってしまった笑えない過去がある。これを「人のためのコンクリート」と言ってみたところで何も変わりはしない。そうした皮相的な話はコンクリートセクターの文化性が疑われるだけである。コンクリート・建設産業に対する誤解を避けるためには，我々自身が，社会とのかかわりを明確に認識した設計・施工体系を持って，社会のサステイナビリティに対する説明責任を果たしていくしかない。（補遺：本書原稿の校正中に，建築家ル・コルビュジエが設計した鉄筋コンクリート造の「国立西洋美術館」が，世界文化遺産に登録されることになった。つまるところ，コンクリートの文化性とは，設計者を含む建造物のステークホルダーの文化性であると言えるかもしれない。）

9.4　2050年のコンクリート・建設分野の姿

　本書の刊行が2016年である。建設業界では2020年の東京オリンピックまでは建設業は生き延びるが，それ以降は徐々に再下降するとの観測がなされているようである。この思考は，建設業を従来の枠組みで考えていることを如実に示している。ローマ時代から，インフラ整備は国の消長を左右する重要事として位置づけ，継続的に行われてきた。建設分野の主な仕事は，インフラ・建築物を計画・設計・施工することにあった。インフラ・建築物の整備のための建設投資にはフローとストック効果があり，その建設と利用で経済発展に大きく寄与することが認識されてきた。発展途上国では，フロー効果で経済成長率が二ケタになるのも珍しくなかった。先進国の経済成長率は良くて数パーセントであり，日本はデフ

第9章 今後の展望

レが20年間続いている。奇妙なことに，デフレをインフレに転換しようと，大量に紙幣を印刷し，マイナス金利まで導入するなどのさまざまな奇策を弄したりするが，見え透いた意図による効果は長続きしない。設備投資の基本となる需要の伸びが期待できないのだから，当たり前と言えば当たり前である。何故インフレが必要なのかは説明されない。社会のサステイナビリティを考えた場合，インフレとデフレのどちらが望ましいのか。少なくと，インフレは過去の借金の負担を軽くする効果はありそうである。いずれにしても，モノに関して言えば，需要が現状より増加しなければ経済成長はないことは当然である。更新による増はある。

　一方で，サービスのフロンティアは残されているかもしれない。ただ，これもサービスを購入する経済力が必要であるから，自ずと限界がある。このようなメカニズムを考慮すれば，現在フロンティアとされる地域もいずれ満たされる。極論すれば，成長にはゴールがある。あとは，ピークの状態をどう持続させるかということになる。長い目で見れば，いろいろ問題が起きて，それを解決するために，あるいはより快適な状態を得るために，さらには人口増により，多少の需要増は予測できるものの，調整の範囲内と言える。問題は，こうした状態となるまでどれほどの時間が必要かということである。日本の半世紀前の状況を考えれば，また現在が以前とは比べ物にならない変化をしている事実から，一部を除いて，2050年には世界がそうした安定期に入っていると見ることができる。先進国と途上国で多少時間的なギャップはあるが，人類の価値基準は，「経済成長」から「サステイナビリティ」へ完全シフトすることになる。

　日本の建設業界は，現在，国内需要を見ながら国外シフトを緩やかに拡大している。しかし，これも，各地域の技術力向上を考慮すれば，早晩通常技術での展開は頭打ちとなる。おそらく，今後20年はもたない。つまり，日本が持続的に海外で仕事を確保するには，サステイナビリティの観点において突出した技術で優位性を保ち続けることが要件となる。しかし，この場合とて，日本の過去20年を見ればわかるように，建設マーケットが縮小に転じることになるであろうことは間違いない。

　国立社会保障・人口問題研究所の平成24年将来推計によれば，2050年の日本の人口は約9 800万人で，65歳以上の人口が38％以上を占める（2090年には

176

6 000 万人を切るとの驚愕予測である）。つまり，2050 年に現状の人口から約3 000 万人減少する。これは，東京圏の住民がいなくなることを意味する。しかも，人口の 4 割は 65 歳以上で，1 割が 14 歳以下である。

そうした現実を知ってか知らずか，不明ではあるが，国土強靭化や新幹線建設の推進で，経済活性化を主張する一派がいて，財務省やマスコミなどの反対する一派がいる。2016 年度の国の一般会計歳出概算によれば，国債費を除く総予算約 73 兆円の内，国の公共事業費は 6 兆円弱で，防衛費が 5 兆円強という状況に至っている。一方で，社会保障費が約 32 兆円という現実がある。人口が現在より3 000 万人減っても，65 歳以上の割合が現況より 10% 以上増加することから社会保障費がさらに増える中で，インフラ・建築物の再構築が必須となる。こうした状況は，現況のコンクリート・建設産業が現状のまま推移することは不可能であることを意味する。

現在，建設業就業者数は約 500 万人である。この数値が人口と比例関係にあると仮定すれば，2050 年の建設業就業者数は約 380 万人となるが，若干の人口増があった過去 20 年で建設業就業者数が 180 万人程減少している状況から，380万人は楽観的な数値かもしれない。人口減少があっても，これまで蓄積してきたインフラ・建築物を効率的に維持することは必須であるから，一定規模の仕事は存在するが，問題は新設・更新のニーズの規模である。一つ確実に予測できることは，国のインフラ投資が増加することはないことである。建設産業の規模および税収・支出の状況から見ても，漸減しか考えられない。地域のサステイナビリティには建設産業が不可欠であるものの，以上のことを総合的に考慮すれば，2050 年には，建設業就業者数は，楽観的に見て現状の 6 〜 7 割，悲観的には 5〜 6 割となると考えておいた方がいいと思われる。これは，今後も，支出削減としては，最も容易な建設投資を減少せざるを得ないことによる。

こうした前提で，2050 年におけるコンクリート・建設産業の姿を，労働環境，業態，設計・施工，教育・研究の観点から予測したい。

現在，建設業従事者のほとんどは男性である。しかし，将来の建設業の人材が男性である必要はまったくなくなる。基本的に肉体労働がなくなる。必要な場合にもロボット補助が一般化する。現在，建設業界では，虎の子の女性就業者を利用して「けんせつ小町」なる呼称を使って女性就業者を増加させようとしている。

第9章　今後の展望

しかし，これは本質的なことではないばかりか，業界の下心が見透かされるだけである。こうした発想を脱却して，男女に関係なく仕事ができる労働環境と待遇を考えることが重要である。これまでの建設産業従事者マジョリティは，いわゆる労務者としての需要であったが，将来はそもそも労務者の需要はない。専門知識を有する高度な技術者でなければ，建設業には職が得られない状況にしなければ，建設業そのものが成立しない。逆に言えば，そうした脱皮ができない組織は社会から必要とされない。ニーズとの関係における自然淘汰である。建設業は，数十年後に向けて今こうした方向に舵を切る必要がある。

　現在，ゼネコンの業態は請負業である。大手ゼネコンは多層下請けのマネジメントが仕事と言える。他との差別化で必要な技術は，技術研究所での開発や外部専門会社の技術利用で調達する。いずれにしても，インフラ・建築物の「建設」が主要業務である。将来にわたってゼネコンの業態としてこの状況は継続するが，建設投資の縮小と業務内容の変化から，業態そのものが大きく変わる。従来の建設に特化した雇用は，エネルギー・資源開発，IT技術導入，金融，アセット管理，等へシフトして「住環境」のすべてを総合的に扱うことのできる業態に変化する。とくに，IT技術展開は建設業の中核となる。創造的なIT技術は，インフラ・建築物の高質化において新たなフロンティアとなることは間違いない。単純請負業からの脱却がゼネコンの近未来のターゲットとなる。

　インフラ・建築物の建設における設計は，サステイナビリティを価値基準になされる。つまり，安全や環境がコストを含むあらゆる観点から徹底的に精査され，この価値基準で最終的な判断がなされる。設計技術体系は大きく変わる。また，既存構造物の改質が，業界の主要なビジネスになる。これを合理的に行うには，エネルギー・資源消費の徹底した評価が必須となる。つまり，従来の最も安易な思想「スクラップアンドビルド」から，「ニューバリュークリエーション」へパラダイムシフトされる。これは，単なる「長寿命化」ではない。長寿命化することの便益をサステイナビリティの観点から定量的に評価して，「ニューバリュークリエーション」の意味を明確にしなければならない。新築の建築物や住宅のゼロエネルギー化は当然となる。古い建築物のエネルギー消費削減技術が新たなビジネスとなる。

　建築物は，長い間，その形態としての意匠に多くの関心を集めてきた。建築家

は，コンペで意匠を競ってきた。しかし，誤解を恐れずに言えば，サステイナビリティの評価基準では，意匠そのもののプライオリティは高くなくなる。エネルギー・資源消費の観点や機能性・快適性にプライオリティがあり，それらを切り離した意匠は意味がない。インフラ構造物はもともと機能美などとして，個を主張することを避けてきた。インフラにおける個の主張はことごとく失敗してきたと言える。建築物も，運用エネルギーを最小化し，長期にわたって飽きず，その維持や機能性に問題が発生しないことが最重要事となることを考えれば，自ずと意匠として機能する範囲には限度がある。もちろん，モニュメント的建築物には違った価値観があってよい。

インフラ・建築物の施工は，徹底した省人化・機械化が図られる。現在は，インフラ・建築物の施工では，鉄筋工や型枠工が必須となっている。しかし，人手で行うことにはその精度に限界があるし，そもそも将来そうした人材は確保できない。部材のプレキャスト化等による徹底した合理化施工がなされる。したがって，零細生コン業界は消滅し，少数の大型プラント企業にとって代わられる。生コンの役割は限定的なものとなるが，数が減れば，ビジネスとしては成り立つ。高度成長期に作られた生コン業界のビジネスモデルは明らかに崩壊へと向かっている。そもそもプラントの稼働率が50%を大きく下回って業が成立すること自体が健全でない。

素材産業であるセメント産業は，建設業縮小の影響を最も大きく受ける。実際，セメント生産量は国内需要に限って言えばピーク時の半分になっている。今後は，国外需要増加はあり得るが，国内では漸減の基調となることは必至である。しかし，これも，マスの時代は終わって，付加価値の時代に入ったと考えることによって，また業態の変化によって，新たなフロンティアを切り開いていくことは可能だろうし，その兆しはある。問題は，そうした方向に舵を切れるか，ゆでがえる状態に入ってしまうかだと思われる。日本の人口減少下におけるセメント需要がどうなるかは未知の世界である。しかし，セメントが不要になることはないし，将来ともこれに代わるものは存在しない。

建設投資が減少すれば，鋼の利用が減少することは間違いない。しかし，鋼の場合は，他産業での利用も拡大するであろうことから，建設向け消費減とのトレードオフの問題となる。

第9章 今後の展望

　建設業界を支える人材教育は，大学の土木系および建築系学科でなされている。その規模は，高度成長期と実質的にあまり変わっていない。学科の名称は変わっているが，内実は同じであり，その名称に「環境」を付していても，環境の本質を体系的に教育しているわけではない。そもそも，教授する側の多くが，自分たちの産業と環境のかかわりを十分認識していないのであるから，教科内容が変わらない。今後建設業界が縮小していく状況の中で，大学の土木系および建築系学科がその存在価値を維持できるとすれば，「環境教育」を拡大し，社会のサステイナビリティを支える人材として活動する場を拡大することをおいて他にはない。長い間，インフラ・建築物のニーズを満たすことに追われてきた結果，状況が大きく変わっているにもかかわらず，国および地方公共団体は相も変わらず古いシステムの修復に留まり，大きな時代の転換期に必要な対応に遅れをとっている。民間企業は時代の変化を嗅ぎ取り，さまざまな試みを行うが，多くの障壁突破にエネルギーを費やし，そうした意欲を失っていく。役所からのニーズがなければ，対応する必要もない，という悪循環をいつどこで断ち切るかが，産官学からなる業界の試金石となる。とりわけ，大学の果たす役割は非常に大きい。何故なら，大学は将来を自由に描きそのために必要な技術・システムを創造し，社会に発信することがその役割であるからである。数十年後の教科内容は様変わりしているはずである。また，研究分野はサステイナビリティ評価を基軸としたものが中心となる。

　インフラ・建築物の建設には，長い間に蓄積された技術・システムの利用が必須となる。ところが，こうした技術・システムが新たな展開の阻害要因にもなる。従来の設計・システム体系にはサステイナビリティの考え方が明示的に組み込まれておらず，設計者や技術者の直観力に依存していた。しかし，人類の社会経済活動の著しい拡大は，社会のサステイナビリティの本質の理解とそれを実現するための技術・システム体系を新たに構築する必要性を生み出していることは明らかである。本書で示したサステイナビリティ設計は，今後目指すべき方向の羅針盤に過ぎない。詳細とその適用は，今後の研究と挑戦に待たねばならないが，ここでは象徴的にコンクリート構造物の設計において重要な2つのことを数十年後の状況予測として取り上げる。

　まず，構造的な問題である。日本における構造物の設計は自動的に耐震設計を

意味する。耐震設計の基本は柱部材に付与する靭性性能である。これは，柱の局部的な破壊を許すことを基本とする。靭性が大きいほど安全性に優れていると考える。しかし，将来，この考え方は消滅する。何故なら，そうしたメカニズムを許すことは，構造物としてサステイナブルでないからである。崩壊しなければ人命を守ることはできるが，損傷を受けた構造物を使用し続けるためにはさまざまな制約がある。補修が現実的かどうか。剛性低下で再利用に耐えられるかどうか。補強するとすればどれほどのコストがかかるか。つまり，設計通りの靭性が確保されても，被災後継続利用には大きな障壁がある。したがって，将来は，大きな変形と局部破壊を許す靭性設計はなくなると考えてよい。制震，免振，あるいは安全性余裕度の増大により，構造物を局部的にも壊さないための設計が重要となり，そのための研究開発を進める必要がある。研究開発の基本は，構造物のサステイナビリティ評価の実施である。1980年代に花開いた「靭性設計」は，今後数十年でその役割を終える。もちろん，既存構造物はそうした観点からの耐震補強が必要である。

　一方，コンクリート構造物は，メンテナンスフリーとされた。コンクリートと鉄筋の相性に誰も疑いを持たなかったのは不思議であるが，当然過酷環境で鉄筋腐食が顕在化した。耐塩害設計法が世界に先駆けて日本の土木学会により具現化されてから15年余りである。しかし，過酷な塩害環境で鉄筋コンクリート構造物の鉄筋を腐食させないことは実質的にほとんど不可能であることが分かっている。もちろん，環境条件によっては，コンクリートの品質やかぶりを適切に選択することで鉄筋腐食を抑えることができる。鉄筋コンクリートの塩害の研究では，鉄筋が腐食した後の挙動について詳細な検討を行っている。しかし，鉄筋コンクリート構造物のサステイナビリティ設計では，鉄筋の腐食後の挙動を考慮することは意味がない。重要なことは，鉄筋コンクリートの現実的な断面寸法の範囲と設計供用年数で鉄筋が腐食するかしないかの判断ができればいい。鉄筋腐食を前提とした設計は考えるべきではない。鉄筋の腐食が予測される場合は，代替技術を用いるしかないが，これとて現状では不十分である。したがって，今後，鉄筋腐食自体の研究を行う意味はなくなり，代替技術の研究開発に注力することになる。すでに劣化した鉄筋コンクリート構造物の補修等では，鉄筋の代替手段を講じることになる。

鉄筋の腐食は，塩害に加えて，コンクリートの中性化に起因するものがある。コンクリートの中性化は，CO_2 の固定化現象であり，気中の CO_2 濃度を下げる効果があるが，鉄筋の腐食問題の除去がより重要である。つまり，中性化で鉄筋が腐食する可能性を避ける手段を講じるべきである。既存構造物についても同様である。

このように，鉄筋コンクリート構造物の耐久性に関しては，サステイナビリティ設計が一般化すると，鉄筋の腐食を避けることが最も重要であり，そのための新たな技術開発が研究の中心となる。いずれにしても，あらゆる研究開発には「環境」要素が重要な位置を占めることになる。

なお，設計体系への確率論の導入は，古くから考えられてきた。工学で扱うほとんどの現象がばらつきを有することを考慮すれば，当然の帰結である。ところが，材料レベルでのばらつきを確率論的に扱うのは比較的容易であるものの，インフラ・建築物の構造体の破壊確率を適切に評価するのは現状では困難である。今後数十年で，サステイナビリティ設計体系に確率論的手法を導入できるかどうかはわからないが，確率論的に考慮すべき工学的現象と社会・環境的要素を結び付ける適切な指標を開発することがサステイナビリティ評価のための大きな試金石となる。

2050 年頃には，現在発展途上国のほとんどにおいて基本的なインフラ整備を終えている。予想されることは，その発展過程で先進国が辿ってきた負の道程を相当短縮する可能性が高いということである。国境のない情報化社会は，一気にその核心に到達することを可能にする。加えて，衰退する先進国に代わって，後発国が新たな技術開発のイニシャティブを取っている可能性もある。

2050 年に日本の人口が一億人を割込むことと，コンクリート関連産業との関係を予測することは困難ではあるが，日本が新たな成長エンジンを確保して国力を保つことができれば，寿命を迎えるインフラ・建築物の更新が本格化することから，産業として一定規模を持続することは可能であると思われる。しかし，3 000 万人の人口が減少するわけであるから，インフラ・建築物の絶対量を減らす必要がある。とくに建築物は減らさざるを得ない。ところが，インフラを減らすことは相当困難であると類推される。最終的には受益者負担の思想が組み込まれる可能性もある。つまり，維持することの便益と負担をサステイナビリティの

観点で評価し，ステークホルダーが自ら判断するしか方法がない。こうした現実が目の前に近づいていることは疑いない。

このようにとらえると，将来に明るい展望がないと考えがちになるが，必ずしもそうではない。3 000万人の人口減少は，1人当たりの国土利用面積が増えることを意味する。その結果，土地の価格は低下するから，その分1人当たりの居住面積を増加させることが可能となる。また，高密度居住環境を想定したインフラは不要であり，徐々に適切な集約化を誘導することで新たな地図づくり，すなわち国土づくりを図っていけばいい。

人口減少下で発展途上のような経済需要を増加させることを考えることは現実的でない。輸出も経済拡大を可能にしたフロンティアの縮小で自ずと限界がある。したがって，将来は，資源・エネルギー消費を著しく低減する経済的活動の推進から，新たな価値を創造することが現在より重要となり，そうしたことから新たな経済成長エンジンが生み出される。つまり，人口減少分を生産性向上で補い続ける過程でイノベーションが推進される。コンクリート・建設分野も例外ではない。とくに，ローテクと言われてきたコンクリート・建設分野は，そうした大転換の入り口にいると思われる。高度経済成長を経験した世代が退場することによって，徐々にマスから質への変化が自然に起こると思われる。人口減少を逆手にとって，「ウサギ小屋」からの脱出を図り，かつ労働の付加価値を高めることを大きな目標と定めて，そのためにコンクリート・建設分野が何をすべきかを考えていく必要がある。

2050年になって，コンクリートセクターが現在と同じ価値観で，古典的な問題を抱え続けているとしたら，それはコンクリート利用が著しく減少していることを意味する。

結　語

　46 億年前に地球が誕生し，多くの謎に包まれてはいるが，原始生命が誕生し，進化し，最終的に人類が出現した。人類は，現在，地球を支配し，きわめて高度な技術を駆使して宇宙から地球を眺めることを可能にした。そのことが，人類に地球の価値を認識させることにもなった。

　しかし，一方で，さまざまな背景により国家間および人種間，人間間での経済格差が誘発され，その調整行為として憎しみが生まれ，最終的に戦争が惹起され，難民が発生する。戦争は，人間を殺し，インフラや建築物を破壊する。こうした行為の根底には覇権に対する人間の本能としての業がある。

　ローマの繁栄は，極論すれば，インフラ整備と社会システム構築によってもたらされたと言える。インフラ整備の目的は，経済活動と統治である。したがって，インフラ整備の成熟は国家の衰退に繋がる。ローマもしかり。その理由は単純である。フロンティアがなくなり，インフラ投資が減少し，経済が停滞するからである。新しい経済エンジンが必要になるが，そもそも成熟はそうしたニーズを弱くする。人類の歴史は，大なり小なりこうしたことの繰り返しであった。

　ところが，現在我々が直面している問題は，過去の状況とまったく異なる。核は存在するが，誰もそれを使えない。核抑止力と説明される。また，地球の気候を変えるほど経済活動が拡大している。いったん膨らんだ生産ポテンシャルを元に戻すことができず，さまざまな問題を惹起する。政治家や経済界は，需要を創りだそうと必死になる。経済不況改善の処方箋として手っ取り早い建設投資が叫ばれるが，反射的にそれに反対する一派が産官学に存在する。

　どちらにしても，こうした混乱が起こる最大の問題は，おそらく，人類の社会経済活動の本質的意味が人によって大きく異なることにあると思われる。そもそも 70 億もの人間がバランスよく社会経済活動による便益を享受することはほとんど不可能である。人間も社会も多様であり，利害関係は常に衝突を起こすが，そうした中にあっても，まず人類が継続して存続することが重要であるとの究極

185

の思考を共通して持つことがすべての基本である。すなわち，社会のサステイナ
ビリティが重要であり，その基盤となる地球が「健康」である必要がある。その
ために，個々人，組織，国家は，何ができるかを考えなければならない。問題は
数限りなくあるが，常にそれらを客観的，かつ俯瞰的に見ることが重要である。

コンクリート・建設関連分野の消長は，社会のサステイナビリティにどのよう
な切り口から創造的な貢献ができるかにかかっている。いつも，そしてどの分野
においてもそうであるが，既存の利害関係から，新しい考えの多くは大小の抵抗
に遭う。本書におけるささやかな提案が，どれほどの理解を得られるか，あるい
は抵抗に遭遇するかをひそかな楽しみとしたい。

蛇足ではあるが，地球の寿命はあと 50 億年程度とされる。人類の歴史はせい
ぜい 20 万年であることを考えれば，我々が生きているこの瞬間はあまりにも短
い。サステイナビリティの次の思考に思いを巡らすのもいいかもしれない。

最後に，本書の執筆に多くの方々の協力を得た。以下に記し，深甚の謝意を表
する（敬称略・順不同）。

澤永尚統・宮崎幸博（平和不動産株式会社），飯塚洋史・巻島隆雄（株式会社日
本政策投資銀行），近藤純司・野澤伸一郎（東日本旅客鉄道株式会社），齋藤淳（株
式会社安藤・間），草野昌夫（住友大阪セメント株式会社），山田守（株式会社大
林組），土橋浩（首都高速道路株式会社），後藤隼一郎（前 北海道大学），福山智子・
中村知佳子・青山美和（北海道大学），野口貴文（東京大学）

しかし，本書の内容についての責任は，すべて著者らが負うものであることを
明記しておく。

■著者略歴■

堺　孝司 (さかいこうじ)

1973 年北海道大学大学院工学研究科修士課程修了
北海道大学，カンタベリー大学（NZ），ヒューストン大学（米国），北海道開発局開発
土木研究所，および香川大学で教育・研究に従事，2014 年 3 月に定年退職
2014 年 4 月に日本サステイナビリティ研究所創設 代表
工学博士，専門はコンクリート工学

著書

「コンクリートの長期耐久性」（共著），技報堂出版，1995
「景観統合設計」（共著），技報堂出版，1998
「The Sustainable Use of Concrete」（共著），CRC PRESS，2013，他

受賞

土木学会吉田賞（論文部門），1997
土木学会出版文化賞，2013
ACI Concrete Sustainability Award，2014
fib Medal of Merit，2015，他

横田　弘 (よこたひろし)

1980 年東京工業大学大学院理工学研究科修士課程修了
運輸省，港湾空港技術研究所を経て，2009 年 4 月より北海道大学大学院工学研究院 教授
博士（工学），技術士（建設部門），専門は維持管理工学，コンクリート工学

著書

「Handbook of Concrete Durability」（共著），Middleton Publishing Inc.，2010
「コンクリート補修・補強ハンドブック」（共著），朝倉書店，2011
「新領域土木工学ハンドブック」（共著），朝倉書店，2003

受賞

科学技術庁長官賞，2000
土木学会吉田賞（論文部門），1991，2006，2012
日本コンクリート工学協会賞（論文賞），1993，2003
セメント協会論文賞，2013，他

コンクリート構造物のサステイナビリティ設計
－地球環境と人間社会の不確実性への挑戦－　　　定価はカバーに表示してあります。

2016 年 8 月 30 日　1 版 1 刷発行　　　　　　ISBN 978-4-7655-1840-6 C3051

著　者	堺	孝　司
	横　田	弘
発行者	長	滋　彦

発行所　技 報 堂 出 版 株 式 会 社

〒101-0051　東京都千代田区神田神保町 1-2-5
電　　話　営　業　　(03) (5217) 0885
　　　　　編　集　　(03) (5217) 0881
日本書籍出版協会会員　　　　F　A　X　　(03) (5217) 0886
自然科学書協会会員
土木・建築書協会会員　　　振替口座　00140-4-10
Printed in Japan　　　U　R　L　http://gihodobooks.jp/

© Koji Sakai and Hiroshi Yokota, 2016　　　装丁　ジンキッズ　　印刷・製本　三美印刷
落丁・乱丁はお取り替えいたします。

JCOPY　＜(社)出版者著作権管理機構 委託出版物＞

本書の無断複写は著作権法上での例外を除き禁じられています。複写される場合は，そのつど事前に，(社)出版者
著作権管理機構（電話：03-3513-6969，FAX：03-3513-6979，E-mail：info@jcopy.or.jp）の許諾を得てください。